L'AGRICULTEUR PRATIQUE.

PARIS. — IMPRIMERIE DE SAPIA
rue du Doyenné, 12.

DE LA GUÉRISON

DES

POMMES DE TERRE

OU

CONSEILS D'UN AGRICULTEUR

A SES CONFRERES,

OUVRAGE

SUIVI D'UNE NOTICE SUR LA CULTURE DE L'ULLUCO.

PAR

THIERY DIT THIERY-TOLLARD

Agriculteur Grainier-Fleuriste et Pepinieriste, membre de la Societe d'Horticulture de France et de plusieurs autres Societes agricoles.

A PARIS

CHEZ L'AUTEUR, Md GRAINIER-FLEURISTE.

QUAI DE LA MÉGISSERIE, 58;

ET CHEZ JEANNE, LIBRAIRE-ÉDITEUR,

PASSAGE CHOISEUL, [illegible]

1848.

A MADAME

LA COMTESSE DE CHAMBORD.

Madame,

Daignez permettre à un enfant de la Lorraine d'offrir à Votre Altesse Royale ce faible ouvrage, que votre indulgente bonté voudra bien, je l'espère, accueillir favorablement.

Après avoir été le témoin et l'admirateur de votre dévouement pour la France, votre patrie adoptive, de votre charité si éclairée pour les malheureux inondés de la Loire, je ne puis résister au désir de mettre à vos pieds un travail qui a pour unique but l'amélioration des populations ouvrières et souffrantes.

Mon respectable aïeul, mort à quatre-vingt-quatre ans, m'entretenait, dans mon enfance, des immenses bienfaits de vos aïeux les princes de la maison de Lorraine.

Il me racontait avec quelle reconnaissance les pères parlaient à leurs enfants du don fait par leurs bons

1

princes à chaque commune de leur fidèle Lorraine, de ces vastes forêts qui sont encore aujourd'hui la richesse de ce pays.

La Lorraine a enfanté de grands hommes, mais il n'en est aucun dont le souvenir rappelle autant de bienfaits et de bénédictions que celui de votre famille vénérée. La Lorraine est une des parties de notre belle France où l'on est fidèle à son Dieu et à ses princes.

Sous les auspices de ces sentiments, j'ose vous supplier encore humblement d'agréer le résultat de mes faibles expériences et de ma sollicitude pour ceux auxquels votre cœur et celui de votre auguste époux pensent constamment.

Je suis avec le plus profond respect, Madame,

de Votre Altesse Royale,

Le très-humble, très-obéissant et dévoué serviteur,

THIERY-TOLLARD.

PRÉFACE.

Cet ouvrage était destiné depuis longtemps à la publicité; mais la modestie et le zèle désintéressé de son auteur ont été la cause d'un retard dont on lui saura gré.

M. Thiery-Tollard a voulu consacrer plus de temps et de soins à la recherche et à la réunion de documents scientifiques et des expériences pratiques qui, étant la base de ses *conseils,* leur donnent une grande force, une véritable autorité. Ce n'est pas la première fois, d'ailleurs, qu'il a prouvé avec quels efforts consciencieux il s'occupait de sa profession. Il a déjà publié plusieurs Mémoires et brochures dont le mérite réel n'a d'égale que la studieuse ardeur de M. Thiery-Tollard. Hâtons-nous de dire que si l'esprit de M. Thiery-Tollard s'est constamment appliqué aux matières agriculturales ou horticulturales par lesquelles sa spécialité s'est faite une juste réputation, son cœur s'est encore plus dévoué et n'a pas cessé d'accomplir des actes de rare générosité. C'est plutôt dans ses nobles inspirations que dans le vain espoir d'une satisfaction d'amour-propre, qu'il a puisé le désir de publier ses travaux si utiles pour les populations des campagnes, auxquelles il a facilité les améliorations les plus précieuses pour leur bien-être.

M. Thiery-Tollard ne s'est pas borné là. Bon chrétien et bon Français, il s'est ému à l'aspect des misères et des ruines que les inondations ont produites. Cette fois ce n'est pas avec des écrits qu'il a agi spontanément, c'est avec ses magasins, c'est-à-dire avec sa bourse, qu'il a fait de grands sacrifices et rendu des services inappréciables. Dès le premier jour, et au récit des pertes que subissaient les jardiniers, les maraichers, dont les terrains étaient ravagés par le déluge, il a envoyé à la Société de Saint-Vincent-de-Paule pour plus *de sept cents francs* de graines potagères ou autres dont la distribution a été un soulagement et une consolation.

Quelques jours après, M. le comte de Chambord ayant appris, dans son exil, les désastres qui venaient d'écraser son pays, s'empressa non-seulement d'envoyer une somme considérable en argent, mais de venir en aide par d'autres moyens à ses infortunés compatriotes. En conséquence la commission de secours, organisée à cet effet, se hâta de faire chez M. Thiery-Tollard une commande de graines pour *dix-huit cents francs*, et en prescrivit la répartition dans les lieux qui avaient le plus souffert. M. Thiery-Tollard expédia ces fournitures au nom du digne petit-fils de Henri IV; mais il envoya à la Commission la facture *acquittée*, et déclara vouloir ainsi mettre le généreux prince à même d'ajouter encore à ses bienfaits sous une autre forme.

Cette prodigalité, si délicate à la fois et si pleine de chevaleresque abnégation, mérite d'être citée comme un modèle et suffirait pour acquérir à M. Thiery-Tollard l'estime et l'admiration de tous.

M. le comte de Chambord se hâta d'en témoigner sa reconnaissance; et ayant appris en même temps que M. Thiery-Tollard allait contracter un heureux mariage, il lui envoya, par l'intermédiaire de M. le marquis de Pastoret, une superbe coupe en argent ciselé, qui fut remise aux jeunes époux le jour même de leur union. Elle portait une inscription rappelant les actes dont ce royal souvenir a fait des titres de famille immortels.

Ces divers traits ont été plus ou moins racontés par les journaux, et les concitoyens de M. Thiery-Tollard ont voulu lui rendre un hommage civique. Aux dernières élections pour l'Assemblée nationale, il a eu un grand nombre de voix à Verdun et dans les environs.

Le patriotisme et le désintéressement de M. Thiery-Tollard furent excités encore, et il rechercha de nouvelles occasions de se rendre utile. Lorsque fut résolu le départ des colons pour l'Algérie, il ne perdit pas un instant pour adresser à M. le ministre de la guerre une quantité de graines très-considérable. M. le général Lamoricière apprécia l'importance de ce don salutaire, qui devait féconder le sol confié aux mains des émigrants, et il écrivit à M. Thiery-Tollard pour le remercier avec effusion. On voit maintenant dans quel but agit et écrit M. Thiery-Tollard.

M. Thiery-Tollard, en communiquant le précieux secret pour la guérison des pommes de terre, cet aliment quotidien des populations ouvrières, a repoussé toute idée de spéculation.

C'est un bienfait de plus qu'il a accompli, en s'associant à la pensée et aux efforts de ceux qui du fond de leur lointain exil se préoccupent sans cesse de l'amélioration du sort de leurs malheureux compatriotes.

Tous les hommes de bien honoreront de si purs sentiments, et se feront un devoir de propager une œuvre entreprise sous de tels auspices.

Auguste JOHANET.

L'AGRICULTEUR PRATIQUE.

DE LA GUÉRISON DES POMMES DE TERRE ET DE LEUR RÉGÉNÉRATION.

« C'est en vain que tu te lèves avant le jour, dit le Seigneur : si je ne bénis tes travaux ils seront inutiles. La maison bâtie sur le sable s'écroulera avec confusion et mépris. »

INTRODUCTION.

Depuis longtemps je m'occupais de rechercher les causes de la maladie des pommes de terre, et j'avais déjà remarqué avec le microscope un insecte qui, après avoir tourné autour de l'épiderme du tubercule, y entrait et allait droit au cœur de la pomme de terre, qui dès lors entrait en pourriture. La cause de la maladie était trouvée, mais la guérir était la question.

Le soulagement qu'une telle découverte devait apporter aux misères des classes pauvres était un motif suffisant pour m'encourager à persévérer dans mes recherches. Sur ces entrefaites, une personne, mue par les mêmes sentiments, et s'occupant des mêmes recherches, vint me faire part des résultats qu'elle avait obtenus.

En combinant les fruits de notre expérience, nous sommes parvenus à trouver un moyen de guérison dont de nombreuses expérimentations nous ont démontré l'indubitable efficacité.

Pensant que le premier devoir d'un gouvernement doit être le bien-être et le soulagement des misères de ses administrés, nous nous empressâmes de communiquer le secret au ministre de l'agriculture sous Louis-Philippe.

Cette démarche fut inutile. Il s'agissait d'agriculture, nous ne fûmes pas écoutés.

La République vint. L'agriculture, qui depuis si longtemps réclamait en vain des améliorations indispensables, crut toucher au moment qui devait couronner ses espérances Nous renouvelâmes alors auprès du ministre de la République, et cela sans plus de succès, les démarches que nous avions faites auprès du ministre de Louis-Philippe.

En effet, de quel poids pouvait être dans la balance du bonheur des peuples un secret qui, il est vrai, devait opposer une digue au fléau qui depuis plusieurs années faisait le désespoir des agriculteurs et les condamnait en quelque sorte à la famine, mais qui du reste n'appartenait en rien à la politique.

Ce que le gouvernement refusait de faire pour le soulagement de ceux qui souffraient devait-il devenir notre règle de conduite? Nous ne l'avons pas cru. Nous avons pensé qu'il était de notre devoir de citoyens et de chrétiens de tendre à nos frères malheureux une main secourable. Nous avons pensé que si la Providence nous avait fait découvrir un remède salutaire, à la propagande duquel ceux dont le devoir est de veiller au bonheur de tous refusaient de s'associer il ne nous était pas permis de les imiter, en gardant le silence, lorsqu'il s'agissait de concourir au bonheur de l'humanité.

C'est donc, animé du désir d'être utile à nos frères, et en même temps pour obéir à notre conscience, que nous livrons à l'appréciation des cultivateurs un secret dont, ainsi que je l'ai déjà dit, l'efficacité nous est prouvée; trop heureux de pouvoir, par là, mériter l'estime de nos concitoyens!

MÉTHODE INFAILLIBLE DE GUÉRIR LES POMMES DE TERRE ET D'EMPÊCHER LE RETOUR DE LA MALADIE.

Préparation de la semence pour atteindre ce but.

ARTICLE 1er. Après avoir coupé en morceaux les pommes de terre de semence (ce mode est préférable à celui de les planter entières), il faut les mettre dans un endroit sec. On prend ensuite de la *chaux vive*, que l'on arrose légèrement d'eau; on met cette chaux dans un étouffoir ou tout autre vase fermant hermétiquement, en ayant soin que la chaux n'emplisse pas plus de la moitié de la capacité de l'objet, pour laisser place à la fermentation. Très-peu de temps suffit à cette *chaux vive* pour passer à l'état de *chaux douce* Lorsqu'elle est réduite à cet état, vous en saupoudrez vos pommes de terre de semence, et vous les remuez, afin que toutes soient atteintes par la *chaux*; puis vous les laissez ainsi pendant un ou deux jours.

Art. 2. Après ce travail fait, vous plantez cette semence. Huit ou dix jours après la plantation, vous faites un mélange de chaux douce (semblable à celle dont vous avez saupoudré la semence) et de *sel marin*, ou autre (le premier est préférable), dans la proportion de 15 à 20 kilos de *sel* et de 15 à 20 décalitres de *chaux douce* pour un hectare. Vous répandez ce mélange sur votre plantation de pommes de terre, et cela vous fournit non-seulement un engrais excellent pour cette récolte, mais encore pour les récoltes suivantes.

Art. 3. Si votre terre est une *terre légère*, et que vous vouliez la fumer avant la plantation, il vous faudra prendre au moins 2 hectolitres de *chaux vive*, que vous mélangerez avec 15 à 20 kilos de *sel* par hectare, que vous répandrez sur la plantation, après l'avoir d'abord couverte d'une couche de *fumier*, et vous recouvrirez ensuite ces deux couches d'une nouvelle couche de fumier (pour faire ce travail il ne faut employer que du fumier sortant de l'étable), et vous arroserez ensuite copieusement.

Par ce moyen, en très-peu de temps vous obtiendrez un engrais excellent. En ayant soin de bien le mélanger, le fumier se consumera avec modération, sans rien perdre de sa force, et sans être brûlé. En l'arrosant copieusement, l'eau fera fondre la *chaux* et le *sel*, et le fumier, au lieu de se dessécher, acquierra de nouvelles qualités en conservant toute sa fraicheur.

Art. 4. En fumant les terres avec du fumier ainsi préparé, on peut se dispenser de répandre le mélange indiqué au deuxième article, et c'est généralement préférable. Le mélange contenu dans le deuxième article n'étant indiqué que dans le cas où les terres n'auraient pas été fumées avec l'engrais désigné ci-dessus, si c'étaient des terres *riches*, ou surtout des terres *fortes*, qui puissent se passer d'engrais animal ou autre fumier, le mélange indiqué au deuxième article serait préférable pour obtenir une belle récolte de pommes de terre.

Je ferai remarquer qu'il faut enfouir très-légèrement la *chaux* et le *sel*, ces substances tendant toujours à entrer en terre.

Art. 5. Quand les jeunes fanes de pommes de terre auront 5 à 6 pouces de haut, il faudra répandre dessus 3 ou 4 décalitres de *chaux douce*, réduite par le moyen indiqué au premier article (par hectare). On répandra cette chaux, ou le matin à la rosée, ou le soir après le soleil couché, en ayant soin de le faire très-légèrement, ainsi qu'on *plâtre* les *trèfles* et *luzernes*.

Art. 6. Je conseille aux cultivateurs qui ne veulent pas récolter de *graines* de couper les fleurs aussitôt qu'elles paraissent ; car, en mûrissant, les graines nuisent beaucoup à la pomme de terre, en absorbant une partie du plus pur sucre à leur détriment.

Art. 7. Vers la fin d'août ou dans la première quinzaine de septembre, l'on peut encore répandre de la *chaux en poudre*, dans la proportion de 3 décalitres seulement par hectare. Cette *chaux*, répandue ainsi à diverses fois, est un engrais excellent qui profite aussi aux récoltes suivantes.

Art. 8. Aussitôt les pommes de terre arrachées, on les déposera dans un endroit sec, et surtout à l'abri des gelées. On répandra ensuite sur elles un mélange composé de *chaux*, préparée de la manière indiquée à l'article premier, et d'une quantité égale de *charbon pilé*, en ayant soin de bien remuer les pommes de terre afin qu'elles soient bien saupoudrées de cette préparation. Pour faire ce travail, il faudra choisir autant que possible un endroit aéré ; dans l'impossibilité, on pourra le faire dans une cave ou un cellier, pourvu toutefois qu'il y ait un soupirail qui facilite l'évaporation des vapeurs dégagées par les pommes de terre. Je crois inutile de recommander de jeter les pommes de terre gâtées qui se trouvent généralement dans les récoltes, sans que pour cela il y ait maladie.

C'est donc après expérience faite, que je puis dire que par cette méthode on peut garantir les pommes de terre de la maladie, si elles y ont des dispositions, et que, par l'article 8, l'on est infailliblement certain de les conserver.

Quant aux jeunes *lins*, *navets*, *navette*, *colza* et autres plantes de grande culture, sujettes aux insectes, on peut les en garantir en répandant le matin ou le soir sur ces plantes le mélange indiqué au deuxième article.

DE LA CULTURE DES POMMES DE TERRE.

Il faut semer la graine à la fin de mars ou au commencement d'avril, sur une couche chaude, et par rang. Pour écarter les graines, on les mélange avec autant de sable, et l'on arrose modérément, afin que la terre ne soit pas battue, et que les jeunes plants puissent mieux pousser et être buttés convenablement, c'est-à-dire, peu à la fois, mais souvent.

Il faut les garantir contre les gelées blanches, en les couvrant avec précaution la nuit avec des nattes. On peut aussi faire des semis sur couches froides; mais c'est plus tardif.

Lorsqu'au 15 mai ils sont arrivés à une hauteur de 4 à 5 pouces (11 centimètres), on les sort soigneusement de la couche, pour les transplanter dans les champs, dans un terrain convenablement préparé et fumé au moins un mois auparavant.

Les terres brûlées ou nouvellement défrichées sont les meilleures. Si on peut mettre sur la terre de la *suie* à chaque pied, à défaut de *charbon pilé*, ce sera excellent. Quand on repique les jeunes plants, on observe la même distance que pour les pommes de terre que l'on plante en tubercules.

S'il ne pleuvait pas après la plantation, il faudrait arroser.

Quand les plants auront acquis une certaine hauteur, il faudra les butter légèrement, pour ne pas détruire les racines et les petits tubercules qui seront déjà formés au-dessous de la surface du sol. Il vaut mieux butter peu et souvent pour que la terre s'échauffe et soit plus *meuble;* enfin on pourra les butter comme les autres pommes de terre. En 1847, j'en ai obtenu de semence de la première année de semis qui pesaient 300 grammes, quoique semée en mai.

Comme une certaine partie de pommes de terre n'atteint pas la première année son entier développement, il est inutile de dire qu'il faut les recueillir avec soin, jusqu'aux plus petites, pour l'ensemencement de l'année suivante. Alors seulement elles donneront une récolte plus abondante, et en progression pendant deux ou trois années successives.

Par ce procédé régénérateur et économique, et généralement trop négligé en France, on économise non-seulement les pommes de terre pour semailles, mais on atténue, si du moins l'on ne peut prévenir totalement, le fléau qui les a atteintes et les menace encore. Inutile de dire qu'il faut avoir des graines récoltées sur des pommes de terre exemptes de maladies; sans cela, l'essai manquerait en partie.

J'ai vu pratiquer cette méthode quand j'étais agriculteur, et j'ai remarqué que non-seulement on obtenait des variétés excellentes, mais encore qu'on pouvait voir à la tige de la pomme de terre celle qui avait été obtenue de la semence, et les semis que j'ai fait moi-même m'ont donné de bons résultats.

On peut obtenir des pommes de terre de bonne heure par le procédé suivant : Après avoir bien préparé votre terre, vous faites des trous de 3 à 4 pouces carrés; vous y placez le tubercule et le recouvrez d'un peu de terre; ensuite vous mettez un peu de fumier, que vous recouvrez à son tour d'un peu de terre. Par ce moyen, vos pommes de terre pourront venir de bonne heure, la végétation n'étant pas arrêtée par les froids. Quand elles seront poussées et que les premières gelées viendront, si vous ne pouvez les garantir, il ne faudra pas vous en inquiéter, elles repousseront.

Si le manque de récolte ou toute autre cause vous privait de pommes de terre et que vous n'en ayez que très-peu pour les semences, vous pourrez en faire des boutures, et voici comment : Si vous n'avez point de *couche*, vous mettrez stratifier vos pommes de terre dans du sable, et quand les germes seront poussés, vous les repiquerez dans du bon terreau que vous aurez le soin de vous procurer à l'avance. Aussitôt ces germes repiqués, vous les arroserez de suite, tout doucement, en ayant soin de les couvrir pour les garantir de la chaleur et du froid. Quand ces plants seront grands, on les repiquera en pleine terre, ainsi que l'on fait pour les semis. Cette méthode peut encore se pratiquer pour renouveler la semence. En cas de disette, on pourrait se servir des tubercules ayant produit les germes; et l'on voit que par ce procédé l'on peut faire beaucoup de semence avec très-peu de pommes de terre. Les pommes de terre dégénérant par les fleurs, on doit autant que possible éloigner les espèces les unes des autres, et couper les fleurs.

Les terres *douces* et *légères* sont préférables aux terres *fortes* pour la bonne qualité des pommes de terre.

Monsieur le ministre de l'agriculture, auquel j'avais dit que la maladie des pommes de terre provenait d'un insecte, me répondit que des chimistes savants lui avaient dit que ce qui causait cette maladie était non un insecte, mais un champignon. Je répondis au ministre que, soit insecte ou champignon rempli d'insectes, la maladie existait et qu'il fallait la guérir. Je ne crois pas qu'il y ait de meilleur remède que celui indiqué ci-dessus, par la *chaux*.

Je conseille fortement de faire cuire au four les pommes de terre destinées aux animaux, elles leur sont beaucoup plus profitables. Si ce mode de cuisson paraissait trop onéreux, on fera bien, si l'on fait cuire à l'eau ces pommes de terre, de jeter l'eau ayant servi à leur cuisson, avant de les écraser, ainsi qu'on le fait habituellement.

Cette eau est nuisible non-seulement aux porcs, mais aux autres animaux : il est bon aussi de mettre du sel dans les pommes de terre cuites.

Quand les pommes de terre gèlent, pour en éviter la perte totale, il faut les faire cuire dans un four ou sous la cendre. Cuites ainsi, vous pourrez les conserver quelques jours, et elles ne feront aucun mal aux animaux.

Conseils.

Je conseille aux cultivateurs le mélange suivant pour répandre sur leurs céréales : 2/3 de *chaux*, 1/3 de *plâtre*. La chaux échauffant la terre, on ne saurait trop l'appliquer aux terres *froides* surtout, et aux terres *fortes*, où cette substance manque.

Je citerai un exemple à l'appui de ce conseil.

Il y a environ douze ans, je m'occupais spécialement de culture. J'avais une pièce de terre de 4 arpents (1 hectare 34 centiares), remplie d'insectes, que nous nommons en Lorraine *Scorpions*, et que je crois être une espèce de *Courtillière*. Cette pièce de terre, quoique dans un fond excellent, ne pouvait donner aucune récolte, ravagée qu'elle était par ces insectes, qui coupaient et faisaient périr toutes les plantes que l'on y semait.

Enfin, nous essayâmes d'y répandre de la *chaux*, et par économie nous profitâmes des débris d'un four à chaux dont nous fîmes environ 20 sacs. Ces rebuts de chaux, quoique n'ayant pas la même force que la *chaux vive* et nouvelle, ne laissèrent pas que de détruire les insectes complètement, et nous eûmes pendant plusieurs années encore de superbes récoltes (sans présence d'insectes), quoique, vu son éloignement de la ferme, ce terrain n'eût pas reçu d'engrais depuis dix-huit ou vingt ans.

Si je cite cette particularité, c'est afin de prouver l'utilité de la *chaux*, et pour faire comprendre aux cultivateurs que la dépense qu'ils pourraient faire pour l'usage de cette substance leur serait largement payée par l'abondance des récoltes produites par son emploi.

Souvent les jardiniers, maraichers et autres cultivateurs, voient détruire leurs récoltes, et surtout les choux, par les chenilles, limaces et autres rongeurs. En se levant de grand matin pour répandre de la *chaux* sur les feuilles où sont les insectes, on peut les détruire infailliblement. Il est nécessaire de se servir, pour cette opération, de *chaux douce*. On pourrait également détruire, par ce moyen, les chenilles des arbres, en se servant, pour cet usage, d'un outil à peu près semblable à celui dont on se sert pour répandre du *tabac* sur les plantes de serre, et que l'on nomme *évantillière*. Par là, on fera périr et les chenilles, et les œufs de ces insectes.

Quand les vignes seront atteintes de ce fléau, on pourra sans crainte répandre dessus un peu de *chaux*, surtout sur les raisins. Cette substance ne peut faire aucun mal.

DU TOPINAMBOURG.

Je recommande la culture du topinambourg dans les terres légères. Il est d'une grande ressource pendant l'hiver, où on peut l'employer comme fourrage vert pour les bestiaux. On en arrache une certaine quantité que l'on rentre; pendant les fortes gelées, on les coupe et on les mélange avec du *son* ou de la paille hachée. Il est inutile de dire qu'il faut les laver quand ils sont sales et terreux. Dans les pays où le bois est rare, les tiges de topinambourg servent à chauffer le four. On les coupe à la mi-décembre, à douze ou quinze centimètres du sol. Deux à trois hectares de topinambourgs donnent assez de fagots pour la cuisson du pain de toute une famille.

On ne commence la consommation du topinambourg que vers Noël. Il est d'une grande utilité à cette époque, où les agneaux naissent, et où les brebis mères ont besoin d'un supplément de nourriture fraîche. Le topinambourg étant moins prompt à germer que les pommes de terre, son tubercule se conservant longtemps sans fermentation, il conserve assez de fermeté pour conduire les brebis nourrices jusqu'aux premières pousses de gazon. Quoiqu'en Lorraine, comme dans les autres parties du nord, elles arrivent très-tard, pendant deux mois, et au moment où on a le moins de fourrages, le topinambourg est une précieuse et unique ressource que l'on ne saurait trop recommander. Il est inappréciable, pour tous ceux qui comme moi ont vu les granges et les greniers étant vides, les vaches, les bœufs, les brebis et les chevaux même manquer de fourrage dans une époque de l'année où tout est hors de prix !...

Le topinambourg exige peu de culture; une terre *meuble* avec un labour, lui suffit. La culture des betteraves champêtres et de la carotte blanche à collet vert ne saurait être assez recommandée, surtout la dernière, qui est excellente pour les chevaux.

CONSERVATION DES PATATES.

Quand on juge les patates arrivées à leur degré de maturité, on les arrache et on les rentre dans un endroit sec et aéré, tel que dans une serre.

On les fait sécher, en les remuant souvent. Quand elles sont séchées parfaitement, on ouvre une tranchée de trois à quatre pieds de profondeur sur quatre à cinq de largeur, selon enfin la largeur des chassis dont on dispose. On pose ensuite une ou plusieurs baches sur cette tranchée, dans le fond même de laquelle on met une couche de bois ou de bourrée. Sur cette couche, vous en mettez une autre de paille ou de grande litière sèche, sur laquelle couche vous en mettez une autre de terre falsifiée, c'est-à-dire de terre qui n'ait pas été mouillée de tout l'été. Sur cette couche de terre de l'épaisseur que vous jugez convenable, vous étendez vos patates, que vous recouvrez d'un chassis auquel on donne de l'air, surtout quand le temps est doux et beau.

Il faut éviter l'humidité, car elle fait pourrir les patates. On laisse les patates sous les chassis sans les recouvrir de terre, jusqu'à ce qu'elles soient parfaitement ressuyées; alors on les recouvre. Il faut, pendant l'hiver, couvrir les patates de paille, de paillassons ou de feuilles, de manière à ce que la gelée ne les atteigne pas. Il faut les visiter souvent, et toujours par un beau temps, pour en retrancher les mauvaises et les gâtées. Quand au mois de février il y a de beaux jours, elles commencent à pousser, ou au moins à germer ; alors on les découvre peu à peu, en retirant la terre, et l'on suit ensuite les règles de la culture ordinaire.

Avant de rentrer les patates dans l'endroit indiqué ci-dessus, lorsqu'elles sont bien sèches, on peut les saupoudrer en place, avec un mélange de trois quarts de *poussière de charbon* et un quart de *chaux douce*, ainsi que je l'indique pour les pommes de terre.

DE LA GERMINAISON.

Je conseille aux agriculteurs de faire tremper leurs graines dans un mélange, moitié *d'eau pure* et moitié *d'urine de cheval*, et cela au moins vingt-quatre heures. Par ce moyen, on facilite la germinaison, et l'on donne encore plus de force aux plantes.

Ce mode s'applique très-avantageusement aux graines de *pommes de terre.*

Il faut excepter de cette mesure le *haricot*, dont la pellicule est trop mince pour se prêter au renflement sans s'ouvrir.

Quand les jardiniers auront des graines un peu vieilles, et surtout pour les rosiers, il leur faudra prendre de l'eau en proportion de la quantité de graines et la mélanger avec 1/5e de bonne eau-de-vie de Cognac, de sorte qu'il y ait 4/5e d'eau pure et 1/5e d'eau-de-vie. Pour les vieilles graines, on les laissera 24 heures dans ce mélange, et pour les nouvelles 12 heures seulement.

Quant aux graines qui viennent d'Amérique, et qui sont très-dures, prenez de l'eau mélangée d'une vingt-quatrième partie *d'acide muriatique;* laissez-les tremper dans ce mélange pendant 12 heures, et puis semez-les; elles germeront facilement.

P. S. Comme les cultivateurs ne voudraient peut-être pas s'occuper de ramasser *l'urine de cheval*, ils peuvent se servir d'eau corrompue de fumier, en ayant soin, si elle est trop forte, de la couper de moitié d'eau.

QUELQUES IDÉES

SUR LES AMÉLIORATIONS A APPORTER A L'AGRICULTURE.

Né petit cultivateur, j'ai pu apprécier moi-même tous les besoins de l'agriculture. Depuis l'âge le plus tendre jusqu'à vingt-trois ans, j'ai été occupé à ses pénibles travaux. J'en connais donc les besoins, et les secours qu'elle réclame impérieusement. L'agriculture manque de bras, d'argent, et bien plus encore d'encouragement. Elle est chargée d'impôts, de rentes et d'hypothèques, et les terres, en comptant les nombreuses pertes qu'elles éprouvent, ne rapportent pas 2 et demi pour 100. Qu'a-t-on fait jusqu'ici pour l'agriculture? Rien. Il faudrait donc :

Pour avoir des bras, donner aux travaux de la culture le *même attrait lucratif* offert par les autres travaux.

Encourager l'agriculture, en permettant aux communes de partager les terres, incultes pour la plupart, qui leur appartiennent, afin de les livrer à la culture. Ce qui serait de toute justice (1).

Prouver à l'agriculture qu'on la soutient, en donnant de fortes primes aux éleveurs de bestiaux et à ceux qui exposeraient de beaux produits en tous genres.

Donner des médailles d'encouragement aux cultivateurs zélés. Aux cultivateurs qui auraient mérité cette distinction, et qui seraient parvenus à un âge désigné, sans moyens d'existence, leur donner une pension, ainsi qu'on le fait pour les braves militaires : si ceux-ci défendent la patrie, ceux-là la nourrissent !

Permettre aux ouvriers laborieux de s'emparer des mauvaises terres incultes, après un an et un jour de friche. Dans ce cas, l'ouvrier serait tenu de faire afficher dans la commune la désignation du terrain défriché ; le maire en prendrait acte, et devrait prévenir le propriétaire du terrain, afin qu'il puisse user de ses droits ; si le ter-

(1) L'état gagnerait aussi à ce partage ; car ces terres en friche, pour la plupart, pourraient, étant cultivées, être imposées, tout en occupant des bras. Si les communes étaient pauvres, on devrait les autoriser à vendre ces terres et à en placer la valeur sur l'état ou ailleurs. Cela formerait un fonds de réserve dont les communes pourraient user, nonobstant délibération du conseil, ainsi qu'un propriétaire le fait de son bien.

rain n'appartenait à personne, il deviendrait la propriété de celui qui le cultiverait.

Augmenter les impôts sur les liqueurs et vins fins, pour en faire un fonds *d'assurance générale* pour toute la France, destiné à venir au secours des départements inondés ou grêlés.

Combien une pareille institution eût été utile aux malheureux inondés de la Loire (1) !

N'est-il pas cruel de penser qu'un homme laborieux, ayant mangé toute sa vie un pain arrosé de ses sueurs, sera obligé, sur ses vieux jours, de mendier son pain, ou d'être à charge à ses enfants, souvent aussi malheureux que lui, parce qu'une inondation, une grêle, une épidémie lui auront enlevé en quelques heures le fruit d'un travail de tous les instants !...

Pour parer à ces fléaux et venir en aide à l'agriculture, des centimes additionnels seraient payés par tous, non-seulement par les propriétaires fonciers, mais encore par les propriétaires de rente et les employés. Tous supportant l'impôt, il n'en serait que plus léger. Les hommes en place ayant des emplois inamovibles, et qui ne paient pas de contributions, seraient imposés proportionnellement à leurs émoluments.

(1) Lors de cette inondation, j'avais fait quelques offrandes de graines pour les inondés. M. le comte de Chambord l'ayant appris par la voie des journaux, lui qui avait fait transformer le château de Chambord en ateliers pour les pauvres sans ouvrage, et qui avait encore envoyé des secours aux pauvres de Paris, voulut dans cette occasion témoigner de sa considération pour l'agriculture, qu'il regarde comme la plus précieuse des connaissances; il me fit donc une commande de graines de plus de dix-huit cents francs qui, par les soins de mains bienfaisantes, parvinrent à ces malheureux.

Lorsqu'on me fit demander la facture de cette commande, je fis réponse qu'ayant voulu venir au secours de mes frères, et non obtenir de récompense, je priais M. le comte de Chambord de daigner faire donner cette somme aux malheureux qui avaient besoin, non de graines, mais de pain. Mes désirs furent triplement exaucés. Dieu a béni mes travaux, et je ne me suis point aperçu de ce léger sacrifice. Au contraire !

Quelque temps après cette affaire, ayant appris mon mariage, M. le comte de Chambord, qui n'oublie rien, me fit faire un présent; présent bien glorieux pour moi, et qui atteste la rencontre de l'ouvrier et du prince dans une œuvre de bienfaisance.

Si en rappelant ce trait j'ai fait abnégation de toute modestie, mon excuse est dans le désir de faire rendre justice à un Français que son titre de prince et de descendant du bon Henri a toujours exposé à la calomnie, qui s'est plue à en faire (que l'on me pardonne la trivialité des détails) un imbécile, un homme ne sachant que boire, manger et dormir; enfin, complétement incapable de ressentir aucune de ces nobles impressions qui élèvent et honorent l'homme. Ceux qui connaissent M. le comte de Chambord peuvent lui rendre cette justice, que jamais cœur ne fut plus vraiment français et ne fut animé de plus nobles sentiments.

Diminuer la rente et la mettre à 3 pour 100 pour l'agriculture seulement. Comme on ne pourrait, sans injustice, forcer le capitaliste à prêter à 3 pour 100, l'état pourrait se faire le prêteur du cultivateur, et à ce taux les plus pauvres pourraient rembourser. Cependant l'on pourrait payer 5 pour 100 jusqu'à concurrence de 500 francs et pour deux ans au plus; une fois le chiffre de 1000 francs atteint, la rente serait de 4 pour 100, sans hypothèque (1).

Il faudrait établir dans chaque canton un médecin, un vétérinaire et une pharmacie, afin que le pauvre cultivateur et l'ouvrier puissent obtenir des secours dans leurs maladies, et cela aux frais des localités.

Donner le sel nécessaire à l'agriculture aux meilleures conditions possibles, car tout le réclame, les bestiaux et les terres. Par exemple, quand les rivières débordent, le foin se trouve souvent gâté; on le bat pour en ôter la poussière; malgré cela, les bestiaux le mangent avec dégoût, et il s'en suit qu'ils sont malades et quelquefois en meurent. L'on peut éviter ces malheurs en répandant du sel sur ce mauvais foin, que les bestiaux ne refusent pas dans cet état, et auxquels il est profitable. Mais que peut faire le cultivateur, lorsque le sel est à 50 centimes le kilo? A ce prix, à peine peut-il en mettre dans sa soupe; car j'ai vu de pauvres ouvriers ménager le sel même pour leurs pommes de terre cuites à l'eau, le sel étant trop cher!

Pour le bien de l'agriculture, il faudrait, s'il était possible, tenir toujours les denrées à un prix juste et modéré, et ne pas trop abaisser le prix des grains, pour que les cultivateurs puissent vivre.

Une des plaies les plus vives de l'agriculture, ce sont les agioteurs marchands de blé, car eux seuls profitent des sueurs du cultivateur, et cela sans que l'Etat y gagne rien. Les cultivateurs pour-

(1) Pour que l'état puisse venir en aide aux cultivateurs, en leur prêtant à 3 pour 100, et même à 2 fr. 50, voici ce qu'on pourrait faire :

Au [illegible] des besoins de l'agriculture, la Banque créerait des billets garantis par [illegible] sur les propriétés [illegible], et de la manière suivante : L'état autoriserait la Banque à prêter, en son nom, aux agriculteurs, la moitié ou le tiers de leur fortune [illegible]. Ces billets ne pourraient [illegible], puisqu'ils seraient garantis par [illegible] la Banque, au lieu d'avoir de l'argent dans ses coffres, [illegible] les autres va- [illegible]

raient éviter ce fléau, en vendant eux-mêmes leur froment aux meuniers, aux marchands de farine ou aux boulangers.

Le seul moyen de conserver des bras à l'agriculture est donc d'imposer toute sorte de charges ou d'emplois, en faisant payer à chacun une patente proportionnée à son état social.

Un des inconvénients causés par le manque de bras, a été de forcer les cultivateurs à recourir à la faulx pour couper leurs récoltes. Comme agriculteur, je puis dire que ce mode de travail fait perdre plus que l'on ne donnerait à un ouvrier, les secousses de la faulx étant beaucoup plus fortes que celles causées par la faucille.

On pourrait aussi fonder dans chaque département une *maison agricole*, où tous les enfants orphelins ou pauvres recevraient une éducation morale et religieuse, et y apprendraient en outre toutes les notions nécessaires à l'agriculture.

Une maison de retraite pour les cultivateurs des deux sexes pourrait être fondée par le moyen d'offrandes, ou par tout autre. N'y seraient admis que tous les individus reconnus honnêtes et laborieux cultivateurs.

Les donataires riches y auraient également droit, en cas d'infortunes, à titre de souscripteurs.

Dans un moment où l'on cherche, au péril même de la société, à expérimenter de désastreuses théories, tels sont, chers concitoyens, les conseils et les idées pratiques que soumet à votre indulgent jugement

Votre affectionné confrère,

THIERY-TOLLARD,

Agriculteur, marchand grainier, Fleuriste et Pépiniériste, membre de la Société de Saint-Vincent-de-Paule de Paris.

CONSEILS

D'UN AGRICULTEUR A SES CONFRÈRES.

L'agriculture, ou l'art de cultiver la terre, remonte au commencement des siècles, même aux fils d'Adam.

Le but du cultivateur étant, en cultivant le sol, de lui faire produire les plus belles récoltes, au moindre coût possible, et cela sans trop retirer au sol de ses qualités productives; se conformer, pour la nature des récoltes que l'on veut obtenir, à la nature des terres, et employer les engrais dans de justes proportions, telle doit être la règle invariable de tout bon cultivateur.

Pour arriver à ce résultat, il est indispensable de connaître de quelles matières se composent les substances végétales.

Nous allons examiner cette question.

Les substances végétales se composent de deux parties : l'une, combustible, qui se nomme partie *organique*; l'autre, incombustible, nommée partie *inorganique*.

Un seul exemple doit suffire pour donner une idée de ces deux parties.

Que l'on allume un brin de paille ou une allumette, aussitôt la plus grande partie, la partie *organique*, disparaît sous l'action du feu; tandis que la partie *inorganique* reste seule, mais en très-minime quantité, sous la forme de *cendre*.

On remarquera facilement que, dans toutes les substances végétales, la partie *organique* est toujours plus considérable que l'autre partie. L'on peut s'en convaincre par cet exemple :

Que l'on brûle 50 kilos de bois ou de paille : en pesant les cendres produites, l'on s'assurera que cette partie inorganique ne donnera que la quatre-vingt-dixième ou quatre-vingt-dix-huitième partie du poids primitif.

DE LA PARTIE ORGANIQUE DES PLANTES.

Examinons maintenant de quels corps se compose ce qui constitue la partie organique des plantes.

La partie organique des plantes se compose de quatre corps élémentaires, nommés *carbone*, *hydrogène*, *oxigène*, et *nitrogène* ou *azote;* ces quatre parties réunies forment la plante.

Vous êtes grand, Seigneur, jusque dans la moindre de vos œuvres! Dans une simple plante vous faites voir que, sans ce grand principe de l'unité, il n'est rien de stable. Vous l'avez dit, sans l'unité tout tombe en ruines, même les royaumes. Impies qui blasphémez sa Trinité trois fois sainte, interrogez une faible plante, elle vous dira plus que tous vos grands philosophes ne sauraient vous dire; elle vous dira que tout est soumis à ce grand principe de l'unité, et que sans lui tout est chaos!

Analysons chacun des quatre corps élémentaires dont nous venons de parler, et la manière de les produire.

Qu'est-ce que le *carbone?*

Le *carbone* est une substance solide, généralement noire, sans saveur ni odeur, qui brûle plus ou moins facilement. Le charbon de bois, le noir de fumée, le coke, la mine de plomb et le diamant, sont des variétés de carbone; et malgré le peu d'analogie que quelques-unes de ces substances paraissent avoir entre elles, elles sont essentiellement identiques quant à la nature.

Qu'est-ce que l'*hydrogène?*

L'*hydrogène* est un air inflammable, tel que le gaz qui s'extrait de la houille. Ce gaz, sans aucun mélange, est mortel à respirer; mélangé avec l'air ordinaire, il s'enflamme au contact d'une flamme quelconque, et fait explosion.

L'*hydrogène* est la plus légère des substances connues.

On peut produire de l'*hydrogène* en mettant dans un verre long comme les verres à bière ou à champagne un peu de zinc ou même de limaille de fer; l'on versera sur l'une de ces substances quelques gouttes d'huile de vitriol (acide sulfurique), en délayant le tout dans le double de son volume d'eau. Après avoir couvert le verre pendant quelques minutes, il suffira d'y introduire une allumette enflammée pour déterminer une explosion.

On peut se servir d'*hydrogène* comme éclairage, en répétant la même expérience : seulement, au lieu d'un verre, l'on prendra une fiole ou une bouteille, au bouchon de laquelle on aurait ménagé une légère ouverture. Aussitôt que le gaz, en se produisant, aura chassé l'air renfermé dans la fiole ou bouteille, en approchant une flamme de la petite ouverture ménagée au bouchon, l'on obtiendra l'effet d'un bec de gaz. Après avoir retiré le bouchon de la bouteille remplie de gaz, si vous y plongez une bougie allumée, elle s'éteindra aussitôt, et le gaz continuera de brûler à l'extérieur.

L'*oxigène* est une espèce d'air dans le milieu duquel une bougie peut parfaitement rester allumée, et sans lequel nous ne pourrions vivre, car il est indispensable à l'appareil respiratoire. L'*oxigène* est plus pesant que l'*hydrogène*, ou l'air ordinaire; il entre pour un cinquième dans la composition de l'atmosphère.

Le mode le plus facile pour produire l'*oxigène* est de chauffer de l'*oxide rouge de mercure* dans une petite cornue, au moyen d'une *lampe à esprit de vin*. L'on recueille le *mercure métallique* distillé, au fur et à mesure qu'il découle de l'embouchure de la cornue, ce qui rend ce procédé peu coûteux, car 1 livre d'*oxide rouge*, coûtant 8 francs 50 centimes, produit environ 14 onces de *mercure métallique* de la valeur de 6 francs.

On peut encore produire le *gaz oxigène*, soit en mélangeant dans une cornue de l'*acide sulfurique* (huile de vitriol) avec de l'*oxide de manganèse* noire en poudre fine, et chauffant le tout à l'aide d'une lampe à esprit de vin; soit en mettant dans un mortier un poids égal d'*oxide de cuivre* et de *chlorate de potasse*, puis en mettant ce mélange dans une cornue, toujours chauffée de la manière énoncée ci-dessus. Ce dernier procédé est le plus expéditif.

Le gaz *nitrogène* (ou azote) est une espèce différente des précédentes; comme dans l'hydrogène, une bougie n'y pourrait brûler, un être quelconque y vivre. Contrairement à l'*hydrogène*, l'*azote* n'est pas inflammable; il est un peu plus léger que l'air atmosphérique, dont il forme les 4/5ᵉ.

Le mode le plus facile pour la production du *nitrogène* ou *azote* est de mélanger une certaine quantité de sel ammoniaque avec moitié de son poids de salpêtre, l'un et l'autre en poudre, et de les chauffer dans une cornue sur une lampe à esprit de vin; le gaz qui s'en dégage se condense sur l'eau.

Toutes les substances végétales ne contiennent pas, dans leur partie *organique*, les quatre corps élémentaires; loin de là, car la majeure partie n'en contient que trois, qui sont : le *carbone*, l'*hydrogène* et l'*oxigène*. Entre autres substances qui ne contiennent que ces trois corps élémentaires, nous citerons l'*amidon*, la *gomme*, le *sucre*, les *fibres de bois*, les *huiles* et les *graisses*.

DE LA PARTIE INORGANIQUE DES PLANTES.

En examinant les substances qui composent la partie *inorganique* des plantes, nous les trouvons au nombre de huit à dix : savoir, la *potasse*, la *soude*, la *chaux*, la *magnésie*, l'*oxide de fer*, l'*oxide de maganèse*, la *silice*, le *chlore*, l'*acide sulfurique* (huile de vitriol), et l'*acide phosphorique*.

Qui donc a mis toutes ces substances dans un seul corps? Est-ce le hasard? Oh non! car le hasard fait la confusion; mais c'est vous, sagesse éternelle, infinie, à qui tout ce qui est grand, bon, sage et utile, doit se rapporter; car, que n'avez-vous fait pour être utile à l'homme!

Procédons maintenant à l'analyse de toutes les substances dont nous venons de donner la nomenclature, et qui composent la partie inorganique des plantes.

La *potasse* ordinaire du commerce est une poudre blanche d'une saveur alcaline, et qui, d'abord humide, devient tout-à-fait liquide, lorsqu'on l'expose un certain laps de temps au contact de l'air. La potasse s'obtient en lessivant des cendres de bois avec de l'eau et en faisant bouillir le liquide jusqu'à dessication parfaite.

La *soude* du commerce est une substance vitreuse, cristalline, qui, de même que la *potasse*, a un goût alcalin; mais elle diffère entièrement de la *potasse*, sous ce rapport, qu'exposée à l'air, la *soude* devient sèche et pulvérulente.

La *soude* se fabrique généralement au moyen du *sel marin*. Un échantillon de *cristallisation de soude* donne une idée assez juste du *cristal*.

Ce que l'on appelle *chaux* ou *chaux vive* est une substance blanche et terreuse qui s'obtient par la calcination de *pierres à chaux* communes, soumises à l'action du feu. La *chaux* a une saveur brûlante, elle s'échauffe et se dilate en jetant de l'eau dessus.

La *magnésie* est une poudre blanche qui se vend dans le commerce sous le nom de *magnésie calcinée;* sa saveur est presque nulle. On l'extrait de l'eau de mer et de certaines roches calcaires, nommées *pierres calcaires de magnésie.*

L'*oxide de fer* ou *rouille* n'est autre que le *fer* lui-même qui se combine avec le *gaz oxigène* qui se trouve dans l'air.

Lorsque les métaux se combinent avec l'*oxigène*, les substances produites par cette combinaison prennent le nom d'*oxides.*

La *silice* (silex) est le nom donné par les chimistes aux *pierres à fusil* et au *cristal de roche* ainsi qu'au *sable.*

Le *chlore* est une espèce d'air d'une teinte vert-jaunâtre et d'une odeur suffocante; dans le milieu de cet air, une bougie ne jette qu'une lueur languissante et fumeuse. Le *chlore* existe en proportion notable dans le *sel ordinaire.*

On peut obtenir le *chlore* en exposant dans une cornue, à une chaleur modérée, un mélange d'*acide muriatique* et d'*oxide noir de magnésie.*

L'*acide sulfurique*, ou *huile de vitriol*, est un liquide huileux et d'une âcreté extrêmement corrosive. Il s'obtient par la combustion du *soufre* et de la *nitre.*

L'*acide sulfurique* existe dans le *gypse* (plâtre ordinaire), dans l'*alun*, dans les sels de *Glauber* et d'*Epsom.*

Pour établir la différence qui existe en l'*acide sulfurique* pur et les substances qui en contiennent, il suffira de tremper un brin de paille dans l'*acide sulfurique;* aussitôt ce brin de paille se carbonisera, effet qui ne se produit pas dans le *gypse*, l'*alun*, les *sels de Glauber* et d'*Epsom*, qui, quoique contenant de l'acide sulfurique, n'ont aucune de ses propriétés corrosives.

L'*acide phosphorique* est également une substance très-âcre, qui se forme par la combustion du *phosphore* au contact de l'air. Le *phosphore* existe en grande quantité dans les os des animaux.

La fumée blanche et épaisse que produit le *phosphore* en brûlant est l'*acide phosphorique.* Exemple : en frottant sur le papier de verre une allumette chimique sans explosion, et cela assez doucement pour qu'elle ne s'enflamme pas, vous obtenez l'odeur du *phosphore;* en l'enflammant, vous obtenez l'*acide phosphorique* par la fumée qu'elle dégage.

Toutes les substances que nous venons d'analyser se rencontrent dans la partie inorganique des plantes.

Quant aux cendres produites par toutes les plantes que nous cultivons, et qui représentent leur partie *organique*, elles ne sauraient, quant à la quantité, être égales pour toutes les plantes : ainsi, 100 kilos de foin produiront 10 kilos de cendres; tandis qu'un poids égal de paille de *froment* ne produira que 2 kilos.

Pour les substances contenues dans la partie *inorganique* des plantes, elles diffèrent également pour la quantité, et se retrouvent aussi dans la partie *organique*, avec les mêmes différences. Ainsi, les cendres de *froment* contiendront plus d'*acide phosphorique* que celles du *foin*, et celles-ci contiendront plus de *chaux* que les premières.

Que vous êtes grand, ô mon Dieu! la moindre de vos œuvres révèle votre grandeur et votre bonté infinie; vous avez songé à tout!..... Mais quel est donc l'homme assez insensé pour vous outrager par un fol orgueil! Qu'il regarde, cet homme, toutes ces merveilles de la création, lui qui ne saurait donner la vie au plus vil insecte, et qui ne pourrait se mouvoir sans vous, et dans l'impunité d'un tel blasphème il reconnaîtra cette miséricorde infinie, cette clémence dont les rois de la terre doivent être les représentants!

Habitants des campagnes, si votre vie est pleine de fatigues, en revanche votre conscience jouit d'un repos trop souvent inconnu au sein des grandes villes, dont la mollesse est plus lourde que vos travaux.

DE LA NOURRITURE DES PLANTES.

Le splantes tirent leur nourriture partie de l'air, partie du sol : de l'air, par leurs feuilles ; du sol, par leurs racines. Elles ont besoin de deux nourritures distinctes pour substanter leurs parties *organique* et *inorganique*. Les plantes reçoivent leur nourriture organique en partie du sol et en partie de l'air ; quant à la nourriture inorganique, elle leur vient entièrement du sol dans lequel elles croissent.

Cette nourriture *organique* que les plantes tirent de l'air se compose principalement d'*acide carbonique*.

Le gaz *acide carbonique* est une espèce d'air incolore et d'une odeur particulière. Les corps ignés (en feu) s'y éteignent et les animaux ne sauraient rester longtemps soumis à l'influence de cet acide, car étant beaucoup plus lourd que l'air ordinaire, le respirer entraîne l'asphyxie.

On prépare le *gaz acide carbonique*, en jetant de l'acide muriatique faible (esprit de sel) sur des morceaux de *pierres à chaux*, ou de *soude* ordinaire du commerce.

Ce gaz n'entre pas en combustion comme *l'hydrogène*, et il est tellement pesant qu'une chandelle ne saurait rester allumée dans une atmosphère qui en serait remplie.

Le *gaz acide carbonique* n'entre pas en grande proportion dans *l'air atmosphérique*. *L'air atmosphérique* se compose presque exclusivement de *gaz oxigène* et d'*azote*. Cinq litres d'air contiennent environ 4 litres d'*azote* et un litre d'oxigène. Le *gaz acide carbonique* entre en si minime proportion dans l'air atmosphérique, que sur 5,000 litres de cet air l'on en compte seulement 2 litres.

Les plantes absorbent une très-grande quantité d'*acide carbonique*. Voici comment :

Les plantes projetant de tous côtés leurs feuilles larges et minces, elles agissent sur une grande masse d'air à la fois, et aspirent l'*acide carbonique*, au moyen d'un nombre infini de petites ouvertures ou bouches dont ces feuilles sont couvertes, principalement sur leur surface inférieure. Ce qu'il y a de curieux à remarquer est que cette aspiration du gaz carbonique n'a lieu que pendant le jour, et que les feuilles le dégagent la nuit.

L'acide carbonique se compose de *carbone* (charbon de bois) et d'*oxigène* : dans cette proportion, 3 kilos de *carbone* et 8 kilos d'oxigène forment 11 kilos d'acide carbonique.

Pour se faire une idée de la manière dont les plantes dégagent l'*oxigène* absorbé par les feuilles, il suffira d'introduire quelques feuilles vertes dans un récipient à gaz et de les exposer au soleil ; on verra aussitôt les petites globules de *gaz oxigène* se dégager des feuilles et se rassembler à la partie supérieure du verre.

Les feuilles des plantes absorbent encore d'autres principes que ceux de l'atmosphère ; nous voulons parler des vapeurs aqueuses qui non-seulement influent sur le fruit, mais servent aussi à humecter les feuilles et les tiges, et en partie à former les substances qui composent la plante elle-même.

Les plantes puisent le carbone dans le sol, sous la forme d'*acide carbonique*, d'*acide humique*, et de quelques autres substances qui se rencontrent dans la matière végétale noire du sol.

Pour produire l'*acide humique*, il faut faire dissoudre un peu de *soude* ordinaire dans l'eau, faire ensuite bouillir cette solution avec de la terre riche, foncée ou tourbeuse, réduite en poudre : on laisse égouter la solution après l'avoir fait déposer, on y ajoute de l'esprit de sel affaibli; alors il se détache des flocons bruns qui sont de l'*acide humique*.

Les plantes absorbent l'*azote* du sol, sous la forme d'*ammoniaque* et d'acide nitrique.

Quant à la substance des plantes, elle se compose principalement de *fibre de bois*, d'*amidon* et de *gluten*. La *fibre de bois* est la substance qui forme la plus grande partie du *bois*, de la paille, du foin, des tiges, de l'écorce des noix et noisettes, enfin du coton, du lin, du chanvre, etc.

L'*amidon* est une poudre blanche formant à peu près la totalité de la substance de la pomme de terre, et la moitié à peu près de la substance des farines de froment, d'avoine et des farines de toutes les autres espèces de grains.

Le *gluten* est une substance semblable à la glue dont on se sert pour prendre les oiseaux ; il se rencontre avec l'amidon dans presque toutes les plantes.

Voici la manière d'obtenir le *gluten* :

On mélange avec de l'eau, de la farine de *froment*, de façon à former une pâte; on lave cette pâte au-dessus d'un tamis placé sur l'orifice d'un vase quelconque; l'eau fait passer l'*amidon* à travers le tamis, tandis que le gluten reste dans la pâte, et que l'*amidon* dépose au fond du vase sous la forme d'une poudre blanche.

Celle des trois substances ordinairement la plus abondante dans les plantes, la *fibre de bois*, prédomine dans les *tiges*, comme l'*amidon* dans les graines.

L'*amidon* se rencontre aussi dans les racines des plantes; ainsi que dans les pommes de terre, il existe en grande abondance dans les topinambours et autres racines analogues.

La *fibre de bois* et l'*amidon*, ainsi que la *gomme* et le *sucre*, se composent de *carbone* et d'eau.

Voici à peu près dans quelles proportions :

— 18 kilos de *carbone* et 18 kilos d'*eau* forment 36 kilos de *fibre de bois*.

— 18 kilos de *carbone* et 22 kilos 1/2 d'*eau* forment 41 kilos 500 grammes d'*amidon* ou de *gomme*.

— 18 kilos de *carbone* et 24 kilos 250 grammes d'*eau* forment 42 kilos 3/4 de *sucre*.

Ces substances se forment à l'aide de la nourriture que les feuilles absorbent dans l'air, attendu que les feuilles, ainsi que nous l'avons dit précédemment, boivent ou aspirent le *gaz carbonique* et l'*eau*.

Les feuilles dégagent l'*oxigène de l'acide carbonique* dans l'air, parce qu'elles n'ont besoin que de *carbone* et d'*eau* pour former la *fibre de bois*, et l'*amidon* dont elles se composent.

Les plantes ne peuvent soutirer à l'air tout l'*acide carbonique* qu'il contient, parce que ce gaz est constamment produit par trois sources différentes :

1° Par la respiration des animaux, attendu que le jeu des poumons dégage toujours une certaine quantité d'*acide carbonique*;

2° Par la combustion des bois, charbons, chandelles, etc., parce que le carbone contenu dans le bois, etc., forme, en brûlant dans l'air, du gaz acide carbonique, de même que le *carbone* lorsqu'on le brûle dans l'oxigène;

3° Par la décomposition des végétaux et racines dans le sol. Cette décomposition n'est autre chose qu'une combustion très-lente, par laquelle le *carbone* des plantes se change en acide carbonique.

C'est ainsi que les animaux produisent l'*acide* carbonique qui nourrit les plantes; de la combinaison de cet acide avec l'eau, la plante produit *l'amidon*, qui à son tour revient aux animaux.

Nous avons dit plus haut que la *fibre de bois*, l'*amidon*, la *gomme* et le *sucre*, se composaient de *carbone* et d'*eau* seulement; voyons maintenant de quoi se compose l'eau :

Deux gaz composent l'eau, l'*oxigène* et l'*hydrogène*, et cela dans les proportions suivantes :

Pour 4 kilos 1/2 d'eau, l'on compte 4 kilos d'oxigène et 1/2 kilo d'*hydrogène*.

Ce qu'il y a d'extraordinaire à remarquer, c'est que l'eau, dont une des propriétés est d'éteindre tous les corps en combustion, se compose de deux éléments dont l'un, l'*hydrogène*, est essentiellement combustible, et dont l'autre, l'*oxigène*, supporte parfaitement tous les corps enflammés.

Les substances qui offrent des particularités non moins intéressantes sont encore l'amidon qui, quoique blanc, est formé de *carbone* noir et d'eau, et le *sucre* et la *gomme*, qui se composent des mêmes éléments que l'*amidon*, et la *fibre de bois*.

Les éléments dont se composent toutes les substances sont le *carbone*, l'*hydrogène*, l'*oxigène* et l'*azote*.

Il est peut-être utile de faire remarquer que le terme *élément* ne s'emploie que pour désigner en quelque sorte les principes qui forment toutes les substances, et ne doit pas s'appliquer à tout ce qui est corps composé, comme le *gluten*, l'*eau*, l'*acide carbonique*, l'*amidon*, le *gluten*, l'*oxide de mercure*, qui peuvent être décomposés et séparés en plusieurs éléments distincts.

Le gluten, par exemple, est composé des quatre éléments réunis, l'*azote*, l'*hydrogène*, et le *carbone*.

Les plantes ne tirent pas de l'*air*, seulement des éléments qui composent le *gluten* qu'elles contiennent : ainsi elles peuvent tirer de l'*air* le *carbone*, l'*oxigène et* l'*hydrogène ;* mais l'*azote* leur est presqu'exclusivement fourni par le *sol*.

La nourriture *organique* que les plantes tirent du sol varie de quantité selon les espèces de plantes, la nature du sol, la saison ou le climat ; mais cette quantité est toujours très-grande, et de toute nécessité pour la bonne croissance des plantes.

Ainsi donc, si les plantes absorbent trop de cette partie organique, le sol s'appauvrit graduellement, et finit, s'il est livré à une mauvaise exploitation, par devenir complètement stérile.

Entretenir le sol de manière à ce qu'il soit constamment pourvu de *la matière organique* nécessaire à une bonne production, doit être l'objet d'une vigilante sollicitude de la part des cultivateurs intelligents.

DES DIFFÉRENTES NATURES DU SOL.

Le *sol* se compose d'une partie organique, combustible (qui peut être brûlée), et d'une partie inorganique incombustible (qui ne peut brûler). L'on peut s'assurer de la vérité de cette assertion par l'expérience suivante :

Faites chauffer au rouge une partie de terre, soit sur un morceau de tôle, sur un couteau ou sur le bout d'un fer plat, la terre deviendra d'abord noire (de même que les terres en mauvais état que l'on fait brûler); la terre, en devenant noire, démontre la présence de la matière *carbonacée* (*carbonacée* signifie être en charbon, ressembler au charbon), et elle tournera ensuite au gris-brun, ou même rougeâtre, au fur et à mesure que la *matière organique* noire sera consumée par le feu; donc cette matière rougeâtre qui reste après la combustion représente la partie inorganique ou incombustible.

La partie *organique* du sol se forme des racines, tiges et autres parties de plantes en décomposition, ainsi que des excréments et débris d'animaux ou d'insectes. Cette partie organique varie de quantité suivant la différence de nature des sols. Dans les sols tourbeux, elle forme quelquefois les 3/4 de leur poids total; tandis que dans les sols riches et fertiles elle n'entre que pour un vingtième et même un dixième.

Un sol ne peut produire de bonne récolte qu'à la condition de renfermer une certaine proportion de matière organique.

La matière *organique* augmente ou diminue selon la matière dont on cultive le sol.

Elle diminue alors que la terre est fréquemment labourée et mise en rapport, ou mal fumée, tandis qu'elle augmente en couvrant le sol de plantations, ou en les laissant en pâture permanente. On augmente encore la matière organique par de fortes doses de *fumier d'étable*, ou même *de compost tourbeux*. Cette matière fournit au sol l'aliment organique que les plantes en tirent par leurs racines.

Lorsque, par une mauvaise exploitation, la matière organique est en quelque sorte disparue d'un sol, l'on peut en rétablir l'équilibre de la manière suivante :

Semer sur ces sols épuisés des plantes qui puissent croître promptement, tel que le *trèfle*, la *navette*, la *moutarde blanche*, etc., et les enfouir en vert dans la terre. Dans divers pays, notamment en Lorraine, les cultivateurs craindraient de perdre une coupe en l'enfouissant; c'est là de l'économie mal entendue.

L'on ne saurait trop recommander la méthode suivante :

Il faut couper le *trèfle* aussitôt que l'on en aperçoit la fleur; on le laisse ensuite repousser, et on en agit de même pour la deuxième coupe. Il vient ensuite une troisième pousse, que l'on enfouit dans la terre. En ôtant à la graine le moyen de se développer, l'on évite l'épuisement du sol. On pourrait aussi enfouir des *navets* et enfin toutes les plantes à longues racines, qui par là rendraient en engrais au sol ce qu'on lui aurait enlevé, soit en faisant pâturer, soit en *foin* ou en *paille.*

La partie *inorganique* du sol provient de la désagréation des roches, des ruines de bâtiments, etc. Par exemple, les tas de ce que l'on nomme *roches pourries*, *pierres décomposées*, *pierres à chaux*, *grávier*, et que l'on trouve généralement au pied des collines et au fond des ravins, prouvent évidemment que les roches se décomposent par l'action du temps et de l'air.

Ces roches se composent surtout de *cailloux*, de *pierres calcaires* et d'*argiles* plus ou moins durcies, comme les cailloux rouges et blancs, des pierres calcaires, des argiles, ardoises et autres, etc.

Les différents sols se composent principalement de *sable*, d'*argile* et de *chaux.*

Chacun de ces sols prend sa dénomination de celle de ces matières qui s'y trouve en plus grande quantité : où le sable domine, c'est un sol *sabloneux ;* où c'est l'*argile*, un sol *argileux ;* enfin celui où domine la chaux, sol *calcaire.*

Si le sol contient deux des matières en grande proportion, et un peu de la troisième, c'est-à-dire s'il se compose de beaucoup de *sable* et d'*argile* et d'un peu de *chaux*, on lui donnera le nom de *terre douce* ou *terre fertile*; si la chaux, au lieu de représenter la petite partie, est au nombre des deux principales, ce sol prendra le nom de *terre douce calcaire ;* si au contraire les parties dominantes sont l'*argile* et la *chaux*, on l'appellera *terre argile calcaire.*

Les *terres fortes* sont celles qui contiennent beaucoup d'*argile ;* les *terres légères*, celles qui renferment beaucoup de *sable* ou de *gravier.*

Les terres les plus faciles à cultiver sont les *terres légères*, fréquemment nommées terres à *orge* ou à *navets*, parce qu'il est reconnu qu'elles sont plus spécialement aptes à la croissance des orges, navets, pommes de terre et autres récoltes fourragères.

Les terres fortes glaiseuses retiennent beaucoup d'eau et doivent être généralement *asséchées* par des *saignées.* Il en est ainsi quelquefois des terres légères qui, quoique sèches à leur surface, sont souvent mouillées à leur base; ce qui fait que les travaux de dessèchement peuvent leur être utilement appliqués. Cette apparence contradictoire des terres légères se rencontre souvent le long des ruisseaux et des rivières, où le sable, apporté par les eaux, donne un aspect de sécheresse à la surface des terres, tandis qu'à quelques pouces elles sont complètement mouillées.

Pour pratiquer les saignées, il ne faut pas, lorsqu'on trouve de la pente, les faire à moins de deux pieds et demi; et cela parce que plus le sol a de profondeur, plus les racines peuvent s'étendre pour recevoir leur nourriture.

Lorsqu'on fait des saignées, et que la pente n'est pas assez rapide, il faut faire des trous d'un pied carré de distance en distance, qui puissent atteindre le sous-sol. Cela remplacera la pente, en ce que ces trous serviront à absorber l'eau, qui par ce moyen ne pourra croupir.

Voici encore quelques raisons à l'appui de cette opinion :

Lorsque les saignées pratiquées au sol ont la profondeur indiquée, l'on peut descendre à 22 pouces, avec une charrue à défoncer, sans détériorer les saignées. Ces saignées ont encore une autre utilité que celle de détourner les eaux des terres, elles permettent à l'air d'y pénétrer, et aux eaux de pluie de s'y infiltrer et de déblayer tout ce qui est nuisible aux racines; car les substances malfaisantes se rassemblent très-fréquemment dans le sous-sol. De là vient que souvent les récoltes qui se présentaient bien dépérissent, ou viennent à manquer totalement, quand les racines arrivent aux substances nuisibles.

La plupart des terres fortes glaiseuses sont en prairies, parce que les frais de labour et de travail de ces sols sont si élevés, que la valeur des grains que l'on y récolterait ne pourrait suffire à dédommager le cultivateur de ses peines.

On peut rendre les terres fortes et glaiseuses, plus légères, par les saignées et le labour, et en y ajoutant de la *chaux* ou de la *marne*. Le labour doit être employé graduellement; c'est-à-dire que l'on doit éviter de labourer de suite trop profondément. Les labours du 1er juillet à la fin d'août sont les plus propres à rendre *meubles* les terres fortes, à cause de la chaleur.

Le sous-sol (qu'en Lorraine les laboureurs nomment *terre vierge*) se trouvera, par le moyen des labours, à la surface, et naturellement les terres, labourées graduellement en profondeur, donneront par la suite non-seulement de bonnes récoltes, mais encore elles seront plus faciles à cultiver, et les franchards de froment seront plus abondants que précédemment.

Certainement tous ces travaux coûteront; mais, tout en occupant les bras des agriculteurs, les résultats obtenus par les saignées appliquées aux terres fortes suffiront pour couvrir tous ces frais en quatre ans, et je ne crains pas d'avancer qu'une pièce de terre qui précédemment aurait valu mille francs, triplera de valeur par ces travaux.

En quoi servent à la partie *inorganique* des plantes les parties inorganiques du sol, dira-t-on? Les parties *inorganiques* ou *terreuses* du sol atteignent deux buts : le premier, d'offrir un milieu dans lequel les racines puissent se fixer, de manière à maintenir les plantes dans une position verticale; le second, de fournir à la plante l'alimentation *inorganique* qui lui est indispensable.

La partie inorganique du sol consistant principalement en *sable*, *glaise* et *chaux*, renferme encore d'autres substances. Elle contient des portions minimes de huit à neuf substances, telles que *potasse*, *soude*, *magnésie*, *oxide de fer*, *oxide de magnésie*, *acide sulfurique* , *acide phosphorique* et *chlore*. Ces substances sont les mêmes que l'on rencontre dans la partie *inorganique* des plantes, qui est la cendre, avec cette différence qu'elles sont renfermées dans le sol en plus fortes proportions que dans les cendres.

On comprend donc que les plantes ne tirent les parties inorganiques qu'elles renferment que du sol exclusivement, puisque l'air ne contient ni *potasse*, ni *soude*, ni *magnésie*, etc.

Plus j'admire vos œuvres, ô mon Dieu! plus je vois mon néant. Quoi! vous daignez abaisser vos regards sur de faibles plantes, et je m'étonnerais de votre sollicitude à inculquer au cœur des enfants ces sentiments qui témoignentde l'étendue de cette sollicitude paternelle, surtout pour les orphelins.

Nous ne pouvons résister au désir de raconter une anecdote qui prouve que Dieu ne fait pas consister seulement sa sagesse à parfaire une plante, et que la perfection de ses autres créatures ne l'intéresse pas moins.

Mademoiselle Louise de France, âgée de sept ans, fille de l'infortuné duc de Berry, assassiné par Louvel, auquel le petit-fils de saint Louis sut pardonner sa mort, et sœur de M. le comte de Chambord, plus connu sous le nom de Henri V, est l'héroïne de cette anecdote.

« Tous les ans on habillait en son nom vingt-deux petites filles « pauvres de Saint-Cloud. Une année, les sœurs de Saint-Vincent-de-« Paule, de la communauté de cet endroit, en portèrent vingt-trois « sur la liste ; s'étant aperçues de cette erreur, elles vinrent dire à la « gouvernante de mademoiselle de France de rayer la vingt-troi-« sième. La gouvernante de cette fille de nos rois vint la trouver « et lui dit, en lui présentant une plume, de faire la radiation deman-« dée. Mais mademoiselle de France dit à sa gouvernante : Bonne « amie, peut-être vais-je rayer la plus pauvre ; si nous l'habillions « aussi quel plaisir cela me ferait ! » L'enfant fut habillée.

Revenons à notre sujet. Mais, dira-t-on, à quel état les matières terreuses se transmettent-elles aux plantes par leurs racines ? C'est à l'état de *solution* que ce phénomène s'opère ; c'est-à-dire que les eaux de pluies et de sources faisant fondre les matières terreuses, elles forment par là une matière extrêmement déliée, qui s'infiltre en quelque sorte dans les racines.

Tous les sols fertiles, c'est-à-dire productifs, contiennent toutes les substances inorganiques, *potasse*, *soude*, *chaux*, etc., que nous avons mentionnées plus haut. Mais toutes les plantes ne les réclament pas en égale proportion. Aux unes il faut une certaine quantité de chacune d'elles, aux autres une quantité plus grande des unes que des autres.

Par exemple : 500 kilos de foin, *trèfle rouge*, produisant par la combustion 37 kilos 1/2 de cendres, il y aura 14 kilos de *chaux*, à peine 10 kilos de *potasse*, moins de 2 kilos de *magnésie*, et ainsi de suite.

TABLEAU

Des quantités et natures des cendres produites par 1,000 *kilos de foin brûlé.*

CENDRES.	IVRAIE VIVACE.		TRÈFLE BLANC.		TRÈFLE ROUGE.		LUZERNE.	
Potasse.	9 kil.	»	31 kil.	»	20 kil.	»	13 kil.	»
Soude.	4	»	6	»	5	1/2	6	»
Chaux.	7	»	23	1/2	28	»	48	»
Magnésie.	1	»	3	»	3	»	3	1/2
Oxide de fer.	une trace		»	1/2	une trace		»	1/3
Silice.	28	»	13	»	4	»	3	1/3
Acide sulfurique.	3	2/3	3	1/2	4	1/2	4	»
Acide phosphorique.	»	1/4	5	»	6	1/2	13	«
Chlore.	une trace		2	»	3	1/2	3	»

Par ce tableau, les cultivateurs pourront apprécier les substances qui dominent dans les trèfles et les luzernes, principalement dans les trèfles, qui font enfler les bœufs et les vaches, surtout quand les fourrages sont plâtreux. Pour éviter les accidents, il faut toujours donner aux bestiaux ces fourrages mélangés avec de la paille (celle de froment doit être préférée), et autant que possible faire le mélange la veille afin de donner à la paille le temps d'absorber l'humidité. Par ce moyen, l'on évitera les accidents que les laboureurs ont si souvent à déplorer.

Cependant les substances désignées dans le tableau et renfermées en si minimes proportions dans les fourrages sont indispensables à leur croissance. Un sol dépourvu totalement de l'une de ces substances ne pourrait donner de bonnes récoltes.

Ce qu'il est aussi utile de remarquer, est que si une terre souffre de l'absence d'une des substances nécessaires, la trop grande abondance de ces substances, auprès d'une qui se trouverait dans le sol en très-minime partie, produirait également de mauvais effets, car ce sol ne pourrait convenir qu'aux plantes peu pourvues de ces parties inorganiques, et serait nuisible aux autres.

Si le sol contenait peu de *chaux*, il pourrait donner une bonne récolte d'*ivraie* (roy grasse d'Italie ou roy gross-anglais, gazon), sans pouvoir produire une bonne récolte de *luzerne*.

On verra, par le tableau plus bas, quelles sont les substances qui s'approprient le mieux aux plantes ; car si, par exemple, l'acide phosphorique convient à la *luzerne* et autres plantes, il n'en est pas de même pour toutes.

En supposant un sol dépourvu d'un grand nombre de ces substances inorganiques, il arriverait qu'il ne pourrait produire aucune espèce de bonne récolte. Il serait naturellement stérile, car il y a des terrains reconnus tels, comme il y en a qui sans aucune culture sont d'une fertilité extraordinaire.

Il faut expliquer ces différences dans les natures des sols, par la présence dans les sols fertiles de toutes les substances inorganiques nécessaires à la production des récoltes, et par l'absence de quelques-unes de ces substances dans les sols stériles, ainsi qu'on peut le voir par le tableau suivant :

SUBSTANCES.	SOL FERTILE SANS ENGRAIS.		SOL FERTILE AVEC ENGRAIS.		SOL STÉRILE.	
Matière organique.	97	»	30	»	40	»
Silice. (dans le sable et l'argile).	648	»	833	»	778	»
Alumine dans l'argile.	57	»	31	»	91	»
Chaux.	39	»	18	»	4	»
Oxide de fer.	61	»	30	»	81	»
Oxide de magnésie.	1	»	3	»	»	1/2
Potasse.	2	»	trace.		trace.	
Chlore principalement comme sel commun.	4	»	»	»	»	»
Soude commune.	2	»	«	»	»	»
Acide sulfurique.	2	»	»	3/4	»	»
Acide phosphorique.	4	1/2	1	3/4	»	»
Acide carbonique combiné avec la magnésie.	40	»	4	1/2	»	»
Perte.	14		»	»	4	1/2
	1,000	»	1,000	»	1,000	»

Le sol indiqué par la 1re colonne pourrait produire pendant plus de 50 à 60 ans sans engrais, et contiendrait encore, après ce laps de temps, toutes les substances requises pour la croissance des plantes.

Celui de la 2me colonne, étant régulièrement fumé, donnerait de bonnes récoltes ; car l'engrais lui donnerait les trois ou quatre substances qui lui manquent.

Un sol peut être stérile, quoique renfermant toutes les substances voulues pour la nourriture des plantes, s'il contient une trop forte proportion de l'une de ces substances : l'oxide de fer existant en grande proportion dans un sol lui est très-nuisible.

Pour améliorer un sol de cette nature, il faut le saigner profondément et retourner complètement le sous-sol, afin que les pluies, en le traversant, puissent en emporter les matières nuisibles. S'il réclamait l'*alliage de chaux*, il faudrait le *chauler*.

Un sol naturellement fertile peut devenir stérile, si l'on s'obstine à vouloir lui faire produire sans cesse la même espèce de récolte. Par exemple, si d'année en année l'on récolte sur un champ du *froment* et de *l'avoine*, ce champ finira par s'épuiser et ne produira ni l'un ni l'autre, parce que ces récoltes absorbant certaines substances en très-grande quantité, après plusieurs années de production le sol ne peut plus fournir ces substances aux plantes en quantité suffisante.

Les grains sont comme de petits alambics, qui absorbent les substances qui leur sont propres. Les céréales que nous récoltons enlèvent spécialement au sol *l'acide phosphorique* et la *magnésie*. Par le tableau suivant, l'on peut voir quelles substances absorbent différentes espèces de grains, afin de se guider dans les engrais à donner au sol.

CENDRES.	FROMENT.		AVOINE.		ORGE.		SEIGLE.	
Potasse et soude.	37	32	19	12	20	70	37	21
Chaux.	1	93	10	41	3	41	2	92
Magnésie.	9	60	9	98	10	3	10	13
Oxide de fer.	1	36	5	8	1	93	»	82
Oxide de manganèse.	»	»	1	23	»	»	»	»
Acide phosphorique.	49	32	46	26	40	63	47	29
Acide sulfurique.	»	17	»	»	»	20	1	46
Silice.	»	»	3	7	21	99	»	17
	100	»	93	17	98	92	100	»

Par ce tableau l'on peut se convaincre que c'est *l'acide phosphorique* qui entre en plus forte partie dans les grains de céréales, et que par conséquent, en demandant sans cesse des grains au même sol, on épuiserait cette substance.

Par là, on comprendra aisément que *l'acide phosphorique* étant un des agents les plus actifs de la production, l'on ne peut rendre la fertilité au sol épuisé, qu'en lui redonnant le principe qui lui manque.

DES ENGRAIS.

Pour rendre au sol *l'acide phosphorique*, il faudrait le fumer avec de la *poussière d'os*, du *guano*, du *fumier de pigeon*, ou autres engrais contenant en grande proportion cette substance.

Il est bien entendu que demander au sol de continuelles récoltes c'est vouloir le rendre stérile, car chaque plante enlève les substances qui lui sont propres et l'épuisent : c'est prendre dans une bourse sans y rien remettre.

Il faut donc, pour tenir les terres fertiles, y mettre des substances régénératrices, et cela en quantité nécessaire et en temps utile. Pour les tenir en bon état, il faut leur rendre autant qu'on leur prend ; mais, pour les maintenir en état de fertilité, il faut leur rendre plus qu'on ne leur a enlevé.

Mais, dira-t-on, si l'on donne plus qu'elles ne donnent, où sera le profit ? Le profit sera dans la vente des denrées, qui vous rapportera plus que les engrais n'auront coûté. C'est du reste un calcul facile à faire :

Une pièce de terre rapporte 50 franchards de blé qui se vendent à raison de 3 francs l'un, ce qui fait 150 francs. On achète pour 100 francs d'*engrais* : par ce moyen l'on récolte 100 franchards de blé, qui font 300 francs, et par conséquent 50 francs de bénéfice net pour la première année seulement. La deuxième année, la récolte d'*avoine*, étant de la valeur de 300 francs au lieu de 150, c'est donc pour cette année un bénéfice net de 150 francs, plus la paille, qui peut servir à faire des engrais, ou de la valeur de laquelle on peut se servir pour en acheter, si l'on y trouve quelque bénéfice.

Engrais est donc le nom donné à toutes les matières qui fournissent au sol la nourriture des plantes. Il y a trois sortes d'engrais : *engrais végétal*, *engrais animal* et *engrais minéral*. On entend par *engrais végétal* certaines plantes que l'on a coutume d'enfouir dans le sol pour le rendre plus fertile,

Les principaux *engrais végétaux*, sont : l'*herbe*, le *trèfle*, la *paille*, le *foin*, les *fanes de pommes de terre*, la *navette*, la *moutarde blanche*, la *poussière de tourteaux*, etc. Les gazons que l'on retourne fument le terrain qui en est couvert. Quelques cultivateurs croient qu'il faut enfouir les gazon, trèfle, luzerne, sainfoin, etc, profondément. C'est une erreur. Au contraire, il faut labourer de manière à retourner le gazon de telle sorte que les racines puissent encore absorber l'air, c'est-à-dire s'alimenter dans leur décomposition et maintenir la terre en transpiration. Comme les moindres pluies rendent la décomposition des gazons beaucoup plus lente, les substances qu'ils tirent de l'air entrent dans la terre, et contribuent par là à l'enrichir.

Comme les sols légers et sabloneux contiennent peu de matières végétales, il faut autant que possible y enfouir des herbes. Les jeunes navets et les navettes conviendraient parfaitement a l'*enfouissage* de ces sols.

Les laboureurs qui sont près de la mer peuvent, par le moyen des herbes marines, enrichir leurs terres à un haut degré, soit en les répandant sur le sol, soit en les enfouissant dans les sillons de pommes de terre, qui par ce moyen doneraient d'abondantes récoltes d'excellente qualité.

L'on peut obtenir un engrais excellent en mélangeant des *herbes marines* avec de la *terre*, des *coquillages* et de la *marne*. Mais il faut avoir soin de faire le mélange à plusieurs fois, de manière à bien répartir la partie saline, et lui conserver par là son action bienfaisante: autrement, loin d'être utile, cette partie saline deviendrait nuisible aux plantes.

Nous ne pouvons trop recommander aux cultivateurs de se garder de la mauvaise habitude de brûler les fanes de pommes de terre. Il faut les enfouir dans le sol lorsqu'elles sont encore vertes. Pour obtenir des fanes de pommes de terre en abondance, il faut en enlever la fleur. Non-seulement la fane en profitera, mais encore la pomme de terre. Par ce moyen, la fane restera verte jusqu'à ce qu'on arrache les pommes de terre, et l'on obtiendra par là beaucoup d'*engrais vert*.

Dans les endroits où la paille est abondante et les bestiaux rares, on fait pourrir la paille dans l'eau avec du fumier de vaches, afin de s'en servir comme engrais à l'état de demi-fermentation. Il est bon d'observer la nature des terres à fumer pour régler le degré de fermentation de l'engrais. Pour fumer un sol léger et obtenir une récolte verte, il est nécessaire que la paille soit passablement fermentée et mélangée avec les crotins de bon nombre de bestiaux. Si au contraire c'est pour fumer une terre *forte argileuse*, avant une récolte de *froment*, il faudrait préférer une paille moins compacte et non fermentée; elle servirait mieux à tenir le sol *ouvert* (accessible à l'action vivifiante de l'air). Ce ne doit point être cependant une règle générale pour toutes les terres *fortes argileuses*, car les terrains argileux même varient de qualité, et ce qui parait convenable généralement à toutes les terres de cette nature peut rencontrer des exceptions : c'est donc au cultivateur intelligent à apprécier les cas.

Les *tourteaux* sont les résidus de la pression des graines de *colza*, *navettes*, et de *faîne*. Le gâteau ou *tourteau* écrasé en miettes se nomme *poussière de navettes*, etc. On peut se servir de cette poussière pour fumer les navets et pommes de terre, en remplacement total ou partiel de l'*engrais d'étable* ordinaire. On pourrait encore se servir de cette poussière comme *fumure*, en la répandant au printemps sur les jeunes froments.

Les *engrais animaux* les plus importants sont le *sang*, la *chair*, les *os*, la *laine*, les *crotins* et les *urines* des animaux, ainsi que leurs déchets.

Les Chinois et les Brahmes, dans l'Inde, étaient tellement persuadés de l'excellence de cet engrais, qu'ils poussaient la barbarie jusqu'à égorger de jeunes enfants, pour en répandre le sang sur les terres.

On emploie le sang pour engrais, en le mélangeant avec des déchets que l'on trouve dans les charniers des bouchers. Quelquefois on fait sécher le *sang* et on l'emploie comme fumier de *couverture* lors de l'ensemencement des grains; c'est l'un des engrais le plus puissant.

Pour les chairs des chevaux, vaches, et autres animaux, on les recouvre avec de la terre, ou même de la *sciure de bois* ou de la marne; cela forme un *compost* des plus fertilisants.

On emploie les *os* en les broyant à la meule, puis on les tamise dans des cribles d'un pouce, demi-pouce et poussière. Les os en poussière agissent plus promptement, mais leur effet est de courte durée. L'engrais d'*os* s'emploie avantageusement dans les terres *légères* ou *égouttées*, en remplacement total de l'*engrais d'étable*. Quand on l'emploie dans ce cas, il faut le mélanger avec des cendres de bois, ou l'enfouir avec des graines de navettes.

Mais il ne faudrait pas prétendre à produire toutes les récoltes de navets avec des os exclusivement; car, en faisant une récolte par ce procédé, il faudrait avoir soin de ne se servir, pour les récoltes suivantes, que d'*engrais d'étable* seulement, si l'on pouvait se le procurer.

Les *os* s'emploient avec avantage pour fumer les prairies, surtout quand elles sont mouillées; l'on obtient, par ce moyen, une récolte admirable.

Les os se composent de *gélatine*, qu'on peut extraire en faisant bouillir les os dans l'eau, et de *phosphate de chaux*, qui forme le résidu des os calcinés au feu.

La *colle ou gélatine* est un engrais très-puissant, en l'employant à avancer les jeunes plants de colza et navettes.

Le *phosphate de chaux* se compose d'acide *phosphorique* et de *chaux*.

Le *phosphate de chaux* agit efficacement comme engrais, car toutes les plantes en contiennent et en donnent. L'on voit par là que l'*acide phosphorique* et la chaux ne peuvent être que très-utiles à leur croissance.

Il est nécessaire de donner l'engrais d'os spécialement aux anciens pâturages, parce que le lait contenant le phosphate de chaux que renfermaient ces anciens pâturages, le sol s'appauvrit nécessairement de tout ce que le lait enlève. Il ne pourrait donc croître dans ces sols que des plantes qui ne demanderaient pas de phosphate de chaux, et il résulterait de là que le lait produirait moins de crème et de fromage, et plus de petit-lait; en un mot, le lait serait moins nourrissant.

40 litres de lait contiennent environ 1/4 de kilo de phosphate de chaux. Donc une vache donnant journellement 20 litres de lait enlèvera par semaine environ 2 kilos de phosphate de chaux, du sol qu'elle paîtra. On doit comprendre l'utilité de l'engrais d'os pour réparer de semblables pertes, et rendre au lait les principes nourrissants dont sans cela il serait privé.

Les os s'emploient aussi sous d'autres formes. On peut les faire dissoudre dans l'acide sulfurique (huile de vitriol). Cette opération peut se faire de la manière suivante : On prend à peu près un poids égal de poussière d'os et d'acide; on délaye l'acide avec trois fois son volume d'eau, puis on le verse sur la poussière d'os, et on remue ce mélange de temps en temps pendant deux ou trois jours.

Ce liquide peut être encore délayé avec 30 fois son volume d'eau et réparti ensuite sur le sol par le moyen d'une charrette d'arrosage.

On peut encore faire sécher cette composition pour la réduire à l'état solide, en y mêlant du poussier de charbon, de la tourbe, de la sciure de bois ou de la terre, et puis l'enfouir.

L'un des principaux avantages de la dissolution des os vient de ce que les substances qu'ils renferment étant parfaitement divisées, elles pénètrent facilement dans les racines des plantes : une mince portion de cet engrais peut produire de très-bons effets sur les récoltes.

En Europe, les cheveux sont d'un prix trop élevé pour qu'on puisse les employer comme engrais; mais en Chine, où tout le monde porte la tête rase, les cheveux sont recherchés comme engrais. Les chiffons de laine sont excellents pour fumer les terres à *houblon*.

Les vidanges, les fumiers de cheval, de vache, de mouton, de porc et d'oiseaux, sont ce que l'on emploie le plus comme engrais; mais généralement les vidanges et les excréments d'oiseaux sont les plus estimés, puis le fumier de cheval, celui de porc, et enfin celui de vache.

Les vidanges doivent leurs qualités aux aliments animaux et végétaux qui composent la nourriture de l'homme et rendent le fumier riche en principes fécondants. Le fumier de cheval est plus riche que celui de vache, parce que le cheval lâche comparativement moins d'urine que la vache.

Pour employer le fumier de porc, il est nécessaire de le mélanger avec d'autre fumier; le fumier de vache convient pour ce mélange, parce qu'il est le plus froid et le moins facile à fermenter. Il doit cette propriété à l'abondance des urines que lâche la vache, et qui enlèvent au fumier une des causes de fermentation. On doit éviter d'employer le fumier de porc sans mélange, parce qu'il porte un goût extrêmement désagréable, et que ce goût se communique aux plantes fécondées par ce fumier.

Le fumier des animaux diffère de leurs aliments en ce qu'il contient une moindre proportion de *carbone* et une plus forte proportion d'*azote*. Cette différence provient de la déperdition du *carbone* qui s'opère par la respiration sous la forme d'*acide carbonique*.

Ce dégagement du carbone par le jeu des poumons peut se remarquer dans l'homme comme dans les animaux.

Un adulte (jeune homme) dégage à peu près 250 grammes de *carbone* par jour, et un cheval dix fois autant.

Tout le *gaz azote* contenu dans les aliments des animaux reste dans leurs excréments, ainsi qu'une faible partie du *carbone*, le reste se dégageant par la respiration, ainsi que nous l'avons dit plus haut. La présence de l'*azote* dans les fumiers est une des causes principales de leur activité. La forme que prend l'*azote* pendant la fermentation des engrais animaux est celle d'*ammoniaque*.

L'*ammoniaque* est une espèce d'air ayant une odeur très-forte. L'*alcali volatil* n'est autre chose que de l'eau imprégnée de ce gaz. L'*ammoniaque* se forme naturellement dans les *composts* et *urines* en fermentation; et dans les fumiers entassés il occasionne cette odeur forte que l'on remarque dans les étables.

Pour découvrir la présence de l'*ammoniaque*, il suffit de tremper une baguette ou une plume dans le vinaigre, et de tenir ensuite cette baguette, ou plume, au-dessus d'un tas de fumier ou dans une étable. Une fumée blanchâtre se condensant autour de l'objet imprégné de vinaigre, annoncera la présence de l'ammoniaque.

L'ammoniaque se compose de deux gaz, l'*azote* et l'*hydrogène* : 7 kilos d'azote et 1 kilo 1/2 d'hydrogène forment 8 kilos 1/2 d'ammoniaque. Ce n'est qu'en se dissolvant dans le sol à l'aide de l'eau que l'ammoniaque est absorbé par les plantes.

Le gluten et les autres substances contenant l'*azote* se forment par le moyen de l'ammoniaque. Ce gaz est extrêmement important dans les engrais, parce que l'azote, sous l'une ou l'autre forme, est indispensable à la croissance des plantes. La partie liquide du fumier de vache est celle où l'ammoniaque se produit le plus abondamment. Il est donc très-important de conserver cette partie liquide, et il est à regretter que trop souvent on la laisse s'écouler et se perdre inutilement.

On laisse souvent perdre le fumier, et c'est la base de la culture et la richesse des cultivateurs. Il faudrait que toutes les fosses à fumier soient creusées d'environ 2 pieds sur 20 pieds carrés, et dans cette forme |______|, et qu'autour de cette fosse il y ait un petit fossé de 2 pieds de largeur sur 3 pieds de profondeur, pour recevoir le trop plein des égoûts du fumier. Il serait nécessaire d'arroser le fumier au moyen d'une pompe, afin qu'il ne s'échauffe pas. Il faudrait que le petit fossé et la fosse à fumier fussent bien dallées, et en dessous des dalles avoir soin de mettre un pied de terre glaise; enfin l'on pratiquerait le même dallage pour les écuries. Il faudrait, autant que faire se pourrait, avoir les écuries donnant sur la fosse à fumier, ou, dans le cas impossible, avoir un puits bien cimenté pour recevoir les urines, que l'on extrairait au moyen d'une pompe.

Chaque cultivateur, grand ou petit, devrait avoir un tonneau monté sur des roues, avec un tuyau correspondant au robinet, qui, répandant les liquides au travers d'une planche percée de trous, ferait l'office d'arrosoir. Afin que les pierres ou autres corps ne bouchent pas les petits trous, il faut avoir soin, avant de verser l'urine dans le tonneau, de le garnir d'une passoire. Par le moyen de ce tonneau, on peut arroser toutes les terres; mais cet arrosement serait surtout utile aux prairies artificielles, telles que luzerne, sainfoin et trèfle.

Si on manque d'eau corrompue, on en corrompra par des moyens bien simples : en y jetant des urines, du sang des bêtes mortes, du salpêtre et du sel.

En parlant du *sel*, le gouvernement devrait le donner et non le vendre, et au bout de dix ans il y aurait un bénéfice réel, car les récoltes seraient abondantes, les laboureurs plus riches; et ayant beaucoup de fourrages, ils pourraient nourrir des bestiaux en plus grande quantité. Les terres demandent le sel, car il n'est pas douteux que le sel ne soit un puissant agent de production. En améliorant la terre, il influerait sur tous les végétaux. Le gouvernement a méconnu ses intérêts en vendant si cher le sel; nous le répétons, il aurait dû le donner. Nous appelons donner ne rien gagner sur l'agriculteur, et l'ouvrier seulement.

Les eaux *ammoniacales* des usines à gaz, délayées avec quatre fois de leur volume d'eau, seraient d'une grande utilité. On devrait les recueillir soigneusement et les employer de la même façon que les engrais liquides d'étables.

Le fumier d'oiseaux, principalement celui de pigeon, est un engrais puissant.

Le fumier des oiseaux de mer, récemment introduit sous le nom de *guano*, peut servir efficacement comme engrais de couverture pour les jeunes récoltes de grains. Il remplace avantageusement l'engrais d'étable pour les récoltes de navets et de pommes de terre; mais, pour avoir de bons légumes, il vaut mieux recouvrir préalablement le guano ou le mélanger avec de la terre, de façon qu'il ne soit pas en contact immédiat avec les graines, car la chaleur de ce fumier pourrait nuire à leur germination.

Il ne faut pas mélanger le *guano* avec la *chaux vive*, parce que la *chaux vive*, en dégageant du *guano*, l'*ammoniaque* qu'il contient, fait qu'il s'échappe dans l'air. Pour se convaincre de cela, il suffira de mêler dans un verre un peu de *guano* et de *chaux vive;* l'on sentira aussitôt l'odeur de l'*ammoniaque*, et en mettant au-dessus du verre une plume trempée dans le vinaigre, on verra s'élever une fumée blanchâtre. Cette petite opération convaincra suffisamment ceux qui pourraient en douter de la puissance de la *chaux vive* à chasser l'*ammoniaque* contenu dans les engrais liquide et solide d'étable.

Pour les récoltes de navets et de pommes de terre, il vaut mieux mélanger le *guano* avec du fumier ordinaire, parce qu'employé seul il ne pourrait fournir à la terre assez de matière organique pour la maintenir dans l'état le plus productif. Il faut environ 250 kilos de *guano* par hectare de terre, comme fumier de couverture pour les céréales, et de 225 à 250 kilos, dont moitié de fumier d'étable, pour les navets et pommes de terre.

Les *intestins de poissons*, les nettoyages de *harengs* et *sardines*, et les *têtes de morues*, s'emploient avantageusement comme engrais, surtout en les mélangeant parfaitement avec de la *terre* ou de la *marne*.

Les engrais minéraux les plus importants sont : le *nitrate de soude*, le *sulfate de soude*, le *sel commun*, le *gypse* ou *plâtre*, le *varech* brûlé, les *cendres de bois* et la *chaux*. On peut en employer de 125 à 180 kilos par hectare.

Le *nitrate de soude* se compose d'*acide nitrique* et de *soude*. 27 kilos d'*acide nitrique*, et 15 kilos 1/2 de *soude* forment 42 kilos 1/2 de *nitrate de soude*.

Lorsque l'*acide carbonique* se combine avec une des substances suivantes : la *potasse*, la *soude*, la *chaux* et la *magnésie*, il forme un *carbonate*. Lorsque c'est l'*acide phosphorique*, c'est un *phosphate*; si c'est l'*acide sulfurique*, un *sulfate*; l'*acide nitrique*, un *nitrate*. Le *phosphate de chaux* désigne conséquemment une combinaison d'*acide phosphorique* et de *chaux*; le *sulfate de soude*, une combinaison d'*acide sulfurique* et de *soude*, ainsi de suite.

L'*acide nitrique* est un liquide âcre et corrosif, appelé aussi *eau forte*. Il est composé de deux gaz, l'*azote* et l'*oxigène*. 14 kilos d'*azote* et 40 kilos d'*oxigène* forment 54 kilos d'*acide nitrique*. L'utilité de l'application du *nitrate de soude* aux plantes consiste en ce qu'il fournit l'*azote* et la *soude* aux récoltes en croissance.

Le *sulfate de soude* est la substance connue généralement sous le nom de *sel de Glauber*, et se compose d'*acide sulfurique* (huile de vitriol) et de *soude*. 20 kilos d'*acide sulfurique* et 15 kilos 1/2 de *soude* forment 35 kilos 1/2 de *sulfate de soude sec*. Le *sulfate de soude* produit parfois de bons effets en l'appliquant en fumier de couverture aux pâturages, aux navets, aux jeunes plants de pommes de terre, etc., surtout aux prairies basses.

Hé bien, philosophes, athées, si toutefois il peut y avoir un athée sur terre....., car il n'y a que des impies que le remords tourmente, et qui voudraient s'étourdir en niant l'existence d'un Dieu. Où étiez-vous, quand Dieu créa toutes ces choses merveilleuses? Avez-vous présidé à ce magnifique travail? Vous demandez des prodiges pour croire à Dieu! Mais, insensés que vous êtes, le seul mouvement que vous faites en ouvrant la bouche pour le blasphémer n'est-il pas un prodige? Cette voix, cette intelligence, cette mémoire que vous possédez, sont-ce là des prodiges? Qui a donc mis toutes ces merveilles en vous? Est-ce vous? Non! c'est ce Dieu que vous vous obstinez à nier, et dont toutes les merveilles de la nature témoignent de la puissance!

On peut employer le sel commun comme fumier de couverture, ou en le mélangeant avec le fumier d'étable, ou autres engrais, ou même encore avec l'eau dont on se sert pour éteindre la *chaux*. L'emploi du sel pour engrais est beaucoup plus productif, dans les lieux éloignés de la mer ou abrités des vents qui passent sur elle. (Nous conseillerions de l'employer plus particulièrement sur toutes les prairies basses et froides; on pourrait dans ces prés ajouter de l'engrais de *chaux*.)

C'est parce que les vents emportent avec eux une partie de *poussière d'eau* de la mer, et la répandent sur le sol, à plusieurs lieues des côtes, que nous donnons ce conseil.

Le *gypse* ou *plâtre* est une substance blanche composée d'*acide sulfurique* et de *chaux*. C'est un excellent engrais de couverture pour le *trèfle rouge* ainsi que pour les récoltes de *fèves*, *féveroles* et de *foin*. 20 kilos d'*acide sulfurique* et 14 kilos 1/8 de *chaux* forment 34 kilos 1/8 de *gypse* calciné; 20 kilos d'*acide*, 14 kilos 1/8 de *chaux*, et 9 kilos d'eau forment 43 kilos 1/8 de *gypse* non calciné. Le *gypse* naturel ou non calciné perd à peu près 21 pour 100 d'eau lorsqu'il est chauffé au rouge, et devient alors *gypse* calciné.

Pour appliquer efficacement les *sels* et substances *salines* aux terres, il faut le faire en temps calme, afin que ces substances puissent être répandues également sur le sol, et avant ou après la pluie, pour qu'elles puissent se dissoudre immédiatement.

En les mélangeant, on en obtient de meilleurs résultats que par leur application isolée. Un mélange de *nitrate* et de *sulfate de soude* produit toujours de bons effets sur la pomme de terre, effets que l'on ne pourrait attendre de ces deux substances employées séparément. Il en est de même du mélange du *sel commun* et du *plâtre* appliqué aux récoltes de fèves et féveroles, etc.

La *soude* ou *varech brûlé* est la cendre produite par la combustion des *herbes marines*. On peut l'employer utilement comme engrais et comme fumier de couverture, pour pâturages et jeunes céréales, ainsi que mélangé à l'engrais d'étable pour les récoltes de navets et de pommes de terre.

Les *cendres de bois* sont très-précieuses comme engrais. Répandues sur les pâturages, elles ont l'immense avantage de détruire la *mousse* et d'augmenter le rapport des prairies.

Elles produisent les mêmes effets pour les jeunes céréales et les pommes de terre. Les *cendres de bois* se mélangent avantageusement avec les *os*, le *poussier de tourteaux*, le *guano* et les autres engrais qui servent aux récoltes de navets.

La *pierre à chaux* se compose de *chaux vive* combinée avec l'*acide carbonique*. 14 kilos de *chaux* et 11 kilos d'*acide carbonique* forment 25 kilos de *pierres à chaux*. Les chimistes donnent à cette substance le nom de *carbonate de chaux*.

Il y a diverses variétés de *pierres à chaux*, les unes tendres comme de la *craie*, les autres dures comme la pierre; les unes jaunâtres comme les *pierres à chaux magnésienne* (contenant de la *magnésie*), les autres d'une blancheur de marbre; et d'autres encore, entièrement noires.

La *marne* est la même substance que la *pierre calcaire*, c'est-à-dire du *carbonate de chaux*; seulement elle se présente souvent sous la forme de poudre fine, et mélangée avec des matières terreuses.

Le sable *écailleux* ou *écaille marine* pulvérisé, est à peu de chose près la même substance que la terre calcaire ordinaire.

Ces *sables* et ces *marnes* peuvent être appliqués avec fruit comme engrais, soit comme fumier de couverture aux pâturages, surtout à ceux qui sont aigres et remplis de *mousse*, soit pour être enfouis, au moyen de la *herse* ou de la charrue, dans les terres arables. On peut encore les utiliser avantageusement, et à fortes doses, pour les terrains *tourbeux*.

Pour constater la présence de la *chaux* ou de substances présumées être de la *marne*, dans un sol, il faut en mettre un peu dans un verre, et verser dessus du vinaigre ou de l'*esprit de sel* délayé (*acide muriatique*); s'il se produit un peu d'ébullition (effervescence), on pourra en conclure la présence de la *chaux*. Pour se convaincre de l'exactitude de l'opération et de la présence de l'*acide carbonique*, il suffira d'introduire dans le verre une bougie allumée, qui devra s'y éteindre à l'instant.

Lorsque la *chaux* se calcine dans le four, l'*acide carbonique* en est chassé par la chaleur, et il ne reste plus que la *chaux*, qui, lorsqu'elle est réduite à cet état, prend le nom de *chaux brûlée*, *chaux vive*, *chaux caustique*. 1000 kilos de *pierres à chaux* rendent à peu près 588 kilos de *chaux vive*. La *chaux vive* absorbe l'eau que l'on jette dessus, devient très-brûlante, et se réduit graduellement en poudre. La poudre à canon peut s'enflammer au contact de la *chaux vive*.

On dit éteindre la *chaux*, de l'action de sa fonte par le moyen de l'eau. La *chaux vive* augmente en poids lorsqu'on l'éteint. 1000 kilos de *chaux vive* produisent 1,250 kilos de *chaux éteinte*. La *chaux vive* se réduit en poudre par l'absorption de l'air. La *chaux vive* absorbe graduellement aussi l'*acide carbonique* répandu dans l'air, et revient, par suite de cette absorption, à l'état de *carbone*. La *chaux*, revenue à l'état de *carbone*, est meilleure pour la terre que dans son état primitif, c'est-à-dire de *chaux* non calcinée. En éteignant la *chaux*, elle se réduit à un état de poudre fine que ne pourrait produire aucun autre mode, et par conséquent se mélange plus parfaitement avec le sol. Quand elle est réduite en poudre, on appelle cette chaux *chaux douce*, pour la distinguer de la *chaux vive*, ou *caustique*.

Ces différentes *chaux* agissent sur les terres à peu près de la même manière, et toutes deux contribuent à donner aux plantes la portion requise pour leur nourriture. En se combinant avec les acides renfermés dans le sol, elles en diminuent ou en écartent l'*acidité*, et elles changent en aliment toutes les matières végétales qui se trouvent dans le sol. Si l'on met de la *chaux* sur un sol, il faut avoir soin de la tenir à la surface, car elle a une tendance à s'enfouir. Il faudrait donc la répandre comme engrais de couverture, ainsi qu'on le fait du *plâtre*.

Il faut employer la *chaux vive* pour les sols tourbeux, les fortes terres argileuses, et les terres arables, qui sont fort acides, et en général pour toutes celles qui contiennent beaucoup de matières végétales.

La même quantité de *chaux* peut produire un meilleur effet sur des terres saignées, ou naturellement sèches, que sur des terres humides. Il est préférable de donner de suite au sol une forte dose de *chaux*, et de l'entretenir ensuite par de petites, afin d'y maintenir la même quantité de cette substance, et répéter cette méthode à la fin de chaque assolement, ou tout au moins à la fin de chaque second assolement.

On doit répéter l'application de la *chaux* à la terre pour trois raisons principales : la première, parce que chaque récolte enlève ou absorbe une partie de la *chaux*; la deuxième, parce qu'une partie de cette *chaux* s'infiltre dans le sous-sol; la troisième, parce que les pluies ne laissent pas que d'en enlever une notable portion.

Pour obvier à ce dernier inconvénient, quand on aura répandu la *chaux* sur une terre labourée, et bien meuble, il faudra donner un léger labour pour couvrir seulement la *chaux*, ou mieux encore herser, et après faire passer le rouleau.

La composition des récoltes obtenues par l'agriculture se forme de trois substances principales : d'*amidon*, de *gluten* et d'*huile* ou de *graisse*, dans les proportions suivantes :

100 kilos de fleur de *froment* contiennent a peu près 50 kilos d'*amidon*, 10 kilos de *gluten*, et 2 ou 3 kilos d'*huile.*

100 kilos d'*avoine* renferment à peu près 60 kilos d'*amidon*, 18 kilos de *gluten*, et 6 kilos d'*huile.*

Dans les pommes de terre et les navets, l'*eau* est la partie dominante; ainsi, 100 kilos de pommes de terre contiendront à peu près 75 kilos d'*eau*; 100 kilos de navets renferment 88 kilos d'*eau.*

100 kilos de pommes de terre contiennent de 15 à 20 kilos d'*amidon.*

Les proportions d'*amidon* et de *gluten*, etc., ne sont pas toujours uniformes dans les mêmes grains et racines, car quelques variétés de *froment* contiennent plus de *gluten* que d'autres substances. Cette particularité se rencontre également dans quelques variétés d'*avoines*, ainsi que dans quelques espèces de pommes de terre.

Le sol et le climat ont des influences sur la proportion de ces principes. Ainsi, le *froment* des pays chauds passe pour renfermer plus de *gluten*, et les pommes de terre et l'orge récoltées sur des terres légères et bien soignées, pour contenir plus d'*amidon*.

Lorsque les céréales et les pommes de terre sont brûlées, elles laissent quelques résidus inorganiques (ou cendres). Ces cendres consistent en *phosphate de potasse*, de *soude*, de *chaux* et de *magnésie*, en sel commun et autres substances salines; mais les ingrédiens dont se composent les racines des céréales consistent dans l'*acide phosphorique*, combiné avec la *potasse*, la *soude*, la *chaux* et la *magnésie*.

DE LA NOURRITURE ET DE L'ENGRAIS DES ANIMAUX.

Toutes les récoltes pouvant servir à la nourriture des animaux, ils doivent pouvoir retirer de leurs aliments les substances nécessaires à les soutenir en état de santé. Ils doivent en tirer l'*amidon*, le *gluten*, l'*huile* ou *graisse*, et de la matière saline inorganique. L'*amidon* se composant de *carbone*, cette substance est extrêmement utile aux animaux pour réparer la perte du *carbone* qu'ils dégagent de leurs poumons par la respiration.

La *gomme* et le *sucre*, étant des composés de *carbone* et d'*eau* seulement, remplissent dans notre nourriture les mêmes fonctions que l'*amidon*. Ce qui se dit de l'*amidon*, pour plus de lucidité, est également applicable au *sucre* et à la *gomme* renfermés dans les substances végétales de nos aliments.

Un homme dégageant de ses poumons 250 grammes de *carbone* par jour, il faut donc, pour réparer cette perte, qu'il mange à peu près 500 grammes d'*amidon* par jour : 10 onces d'*amidon* en renferment à peu près 4 1/2 de *carbone*.

Le *carbone* se dégage des poumons des animaux sous la forme de *gaz acide carbonique*. Ce gaz, dégagé, est répandu dans l'air pour être de nouveau absorbé par les plantes, qui reproduisent, par cette absorption, de nouvelles quantités d'*amidon*.

Les animaux ont besoin de *gluten* dans leur nourriture pour réparer la déperdition journalière des muscles ou partie maigre de leur corps. Les muscles des animaux, ainsi que toutes les parties de leur corps en général, éprouvent cette déperdition journalière, laquelle, emportée à travers le corps, forme une partie des excrémens et urines. Le *gluten* peut réparer la déperdition des muscles, par la raison que le *gluten* des plantes est exactement la même substance que celle qui compose les muscles.

Il est également utile que les animaux tirent de l'*huile* ou *graisse* de leur nourriture pour réparer la déperdition de la matière *graisseuse*. Lorsque l'animal reçoit plus d'*huile* qu'il ne lui en faut pour réparer la déperdition journalière, cet excédant contribue à l'engraisser. La nourriture qui contient beaucoup d'*huile* est donc la plus propre à l'*engrais* rapide du bétail, et l'on a dû remarquer que les *tourteaux huileux* remplissent parfaitement cet office.

Le *phosphate de chaux* et autres substances *inorganiques* doivent être également renfermés dans la nourriture des animaux, afin de suppléer à la déperdition journalière des *os* et des *sels* qui existent dans le sang, etc.

Le *gluten* et la matière *saline* remplissent encore d'autres buts pendant la croissance des animaux, car non-seulement ils réparent la déperdition journalière, mais encore ils ajoutent au volume et servent au développement de différentes parties de leur corps. Un animal en croissance exige donc une plus forte dose de ces diverses substances, et l'on peut parfaitement remarquer ce besoin dans deux animaux de même taille, dont l'un n'aurait pas atteint sa croissance, et qui par là exigerait beaucoup plus de *gluten* et autres substances que l'autre.

Supposons qu'une même quantité de nourriture soit donnée à deux animaux dont l'un en croissance, et l'autre *formé*. L'animal formé produira un fumier plus riche que l'animal en croissance, puisque cet animal retient, pour suffire à son développement, les différentes substances qui enrichissent le fumier de l'autre.

Il en est de même pour les chevaux maigres, qui exigent plus de nourriture que les chevaux gras et bien entretenus.

Il en est ainsi des *terres*. Elles sont beaucoup plus faciles à entretenir dans un bon état de production qu'à engraisser lorsqu'elles sont épuisées.

Si l'on veut engraisser un animal *formé*, il faut le tenir chaudement, le déranger peu, lui donner des *tourteaux* et des *avoines* avec une bonne provision de *navets*, et lui laisser peu de jour.

Il va sans dire que les degrés de chaleur et de retraite des animaux varient suivant leurs races et les climats dont ils sont sortis. C'est à l'éleveur intelligent à ne pas perdre de vue ces différentes exigences et à en faire la règle de son exploitation.

Si l'on voulait convertir en fumier une forte quantité de foin, de paille ou de navets, il faudrait mettre le bétail dans un lieu frais et peu abrité, et lui faire faire beaucoup d'exercice.

Pour qu'une vache donne la plus grande quantité de lait possible, il faut lui donner des herbages riches et succulents, des navets, des carottes, des betteraves ou autres renfermant beaucoup d'eau, et la faire boire aussi souvent qu'elle voudrait. Par cette méthode, l'on obtiendra beaucoup de lait.

Mais, si l'on recherche la qualité du lait, et non la quantité, il faut donner aux vaches autant de nourriture sèche, avoine, fèves, son, foin et trèfle, qu'elles en demanderont.

Si l'on veut obtenir un lait éminemment riche en *beurre*, il faut donner à la vache la même nourriture que celle d'un animal à l'engrais : *tourteaux huileux*, *avoine*, *orge*, *farine de maïs* et quelques *navets* ou *carottes*.

Si au contraire on veut faire du *fromage* avec le lait, il faut, pour la nourriture des vaches, donner la préférence aux *fèves*, *féveroles*, *pois*, *vesce*, *trèfle*, enfin tout ce qui peut rendre le lait plus riche en *caillé*.

Lorsque l'on veut engraisser les vaches ou bœufs, il faut leur donner l'engrais frais et non aigre, tandis que pour engraisser les cochons (porcs), il faut le leur donner légèrement aigre. Il est constaté qu'on obtient plus de chair de porc, des *légumes*, farines de *fèves* ou de *pois*, *pommes de terre bouillies*, lorsqu'après les avoir mêlés avec de l'eau on les laisse *aigrir*.

Ce qu'il convient de faire pour l'élève du bétail, c'est de tenir les étables bien ventilées, quoique chaudes, et de tenir propres, surtout les moutons et les cochons.

Ce qu'il ne faudrait pas que les cultivateurs oublient, et qu'ils négligent souvent, est la régularité à apporter dans le mode de distribution de la nourriture aux bestiaux. Il faut leur donner trois fois par jour, et à des heures régulières; mieux vaudrait même leur donner en quatre fois. En mangeant peu et souvent, les animaux ont meilleur appétit et *profitent* plus.

L'on ne saurait se lasser d'admirer les rapports chimiques qui existent entre le règne végétal et le règne animal, et spécialement sur la destination marquée (par la main divine du créateur) des végétaux, à la nourriture des animaux ; destination évidente et suffisamment démontrée par l'identité existant entre les substances des plantes et les substances qui composent les parties du corps des animaux. L'animal trouve dans la plante, arrivée à maturité, les plus importantes substances dont son corps est composé. Le *gluten* des plantes est identique avec le *gluten de ses muscles ;* l'*huile*, avec la *graisse* de son corps, tandis que le *phosphate terreux* des plantes fournit des matériaux aux *os,* et que l'amidon et le sucre de ces plantes produisent le *carbone* indispensable à l'animal pour l'acte de la respiration.

Et quelle combinaison intelligente dans cette nourriture végétale, qui ayant accompli ses fonctions dans le corps animal, retourne à la terre sous forme de fumier, pour pénétrer de nouveau dans les racines des plantes, et produire ainsi de nouvelles ressources d'alimentation à d'autres animaux ! L'économie entière de la vie animale et végétale, toutes les transformations subies par la matière inerte, forment les différentes parties d'un système n'exprimant pour ainsi dire qu'une même pensée, produite elle-même par une seule intelligence.

A MES CONCITOYENS.

C'est vous, créateur de toutes choses, qui avez fait toutes ces merveilles! c'est encore vous qui les renouvelez continuellement, par votre seule puissance, votre seule volonté. Ah! qui oserait élever devant vous un front orgueilleux, et ne s'abaisserait pas devant votre sagesse infinie!

Habitants des campagnes, chers compatriotes, soyez indulgents pour un de vos anciens confrères qui partagea vos souffrances, vos fatigues, et qui s'occupe encore d'agriculture, tant il est vrai que les impressions de la jeunesse prévalent toujours!

Combien n'ai-je pas souffert de voir dans ma chère Lorraine perdre les herbes précieuses de nos forêts, quand on pourrait les employer comme engrais, et qu'elles pourraient être d'un si grand secours pour les pauvres cultivateurs de ce pays!

Je ne suis pas le fils de mes œuvres, mais celui de la Providence. Orphelin à deux ans à peine, c'est avec l'aide de Dieu et de la morale chrétienne que j'ai pu devenir ce que je suis.

J'ai quitté la culture à vingt-trois ans, et je n'ai pu apprendre, par l'éducation de la charrue, à être écrivain. Je vous offre donc ces conseils dans le désir de votre bonheur et celui de vous être utile; ils sont le fruit de quelque intelligence et de longues pratiques.

Oui, chers habitants de nos campagnes jadis si paisibles, êtes-vous plus heureux depuis que nous travaillons le dimanche et que nous adorons le Veau d'or?...

Depuis 1830, avons-nous été exempts de malheurs? Hélas non! ils sont tombés sur nous comme la grêle accompagnée d'orages!...

Quoi! en 1848, dans le siècle soi-disant des lumières, le plus odieux blasphème qui jamais ait été prononcé, et devant lequel Satan lui-même aurait reculé, a été vomi au nom de la liberté, de l'égalité, de la fraternité; en 1848, un homme a pu dire que Dieu, la vérité, la bonté même, n'était que mensonge, et que, s'il existait un enfer, ce devrait être pour le créateur de tout bien!!!...

Que penser, qu'espérer d'une époque témoin de pareils blasphèmes?

Que peux-tu attendre, pauvre France, si Dieu ne te sauve?.....

Si le monstre auteur d'un si épouvantable blasphème s'était contenté de dire « *la propriété c'est le vol*, » l'on aurait pu lui trouver une qualification; mais se révolter contre Dieu! ah! il n'est point de terme assez fort pour flétrir une pareille pensée!

Aussi France, chère patrie, as-tu revêtu tes habits de deuil!...

Ainsi que moi vous vous rappelez, chers compatriotes, la fin tragique de ces brûleurs d'images de 93; vous, vieillards qui avez vu toutes ces horreurs, que devez-vous dire, que devez-vous penser, en voyant partout glorifier, dans d'affreux toasts, les noms exécrables de ces buveurs de sang!

Pauvre peuple! où sont tes vrais amis? Combien en comptes-tu qui, comme le vénérable archevêque de Paris, donnent leur vie pour te sauver?

Celui-là était-il vraiment ton ami, ton père?...

Ces filles de Saint-Vincent-de-Paule, qui vouent leur vie au soulagement de tes souffrances, ne sont-elles pas tes sœurs?...

Et vous, tartufes, apostats, qui encensez ce peuple pour vous en servir comme d'un marchepied, où étiez-vous, dans ces terribles moments? par quel pouvoir arrêtiez-vous cette effusion de sang fraternel?...

Oui, j'ose le dire, ce peuple que vous avez égaré est un peuple de héros; ce sont des Français!

Docile à votre voix, le peuple l'eût écoutée dans les terribles journées qui ont coûté à la France tant de sang généreux!

Mais non, hommes orgueilleux et lâches! il valait mieux laisser répandre ce sang; c'était là le sceau qu'il fallait à vos infâmes doctrines!

Ces peuples de l'antiquité, que vous qualifiez de barbares, l'étaient moins que vous; ils ménageaient la vie de leurs esclaves, tandis que vous, c'est au nom de la fraternité que vous envoyez au combat ces esclaves de vos doctrines, ces pères de famille dont la mort suffit à plonger dans le désespoir et la misère ces femmes, ces enfants, dont ils sont les seuls soutiens. O fraternité!

Mais tremblez! car si Dieu est un Dieu de miséricorde et de bonté, il l'est aussi de justice!

Ouvrez les yeux, mes frères, c'est un ouvrier qui vous parle; soyez certains que vous ne trouverez de vrais amis que dans les hommes craignant Dieu et rapportant à ce suprême arbître toutes les actions de leur vie.

On doit tout sacrifier pour la patrie et pour ses frères, hormis l'honneur!

Je le dis au pauvre et au riche, ne voulant flatter ni l'un ni l'autre, nous sommes tous frères! Soyons-le donc en vérité et non en vaine théorie. Que le riche ne l'oublie pas, il a besoin du pauvre comme celui-ci a besoin de lui. Aimons-nous donc sincèrement; ne laissons pas languir l'ouvrier honnête, aidons-le, et ne le forçons pas, par notre faute, à mourir de faim ou à devenir malhonnête homme. Faisons tous nos efforts pour établir l'unité chrétienne; c'est cette unité qui fait la force des nations.

Pierre-le-Grand, empereur de Russie, recommandait à ses successeurs, dans son testament, de faire tous leurs efforts pour diviser la cour de Versailles (Louis XIV était roi de France), ce qui représentait alors l'unité, sachant qu'il n'y avait que la France qui puisse mettre obstacle aux vues ambitieuses de ce grand génie, qui visait à ce que la Russie soit la maîtresse du monde. C'est pourquoi, comme Français, je dis à mes frères de toutes les opinions rallions-nous tous franchement sous le même étendard, l'union fera notre force. Les empires les plus grands sont tombés par les divisons, tandis qu'au contraire les plus petits royaumes ont prospéré par l'unité. Unissons-nous donc, et, Dieu aidant, nous reverrons notre belle patrie glorieuse et prospère!

CULTURE DE L'ULLUCO.

Je crois faire plaisir à mes lecteurs en joignant à cette brochure les détails donnés par M. Masson sur ce tubercule.

« Dans la séance du 2 février dernier, vous avez reçu de M. le ministre de l'agriculture, avec recommandation spéciale, un nouveau tubercule cultivé abondamment par les Indiens du Pérou, qui trouvent en lui un aliment aussi sain qu'agréable; je viens aujourd'hui vous soumettre les résultats auxquels m'ont amené mes tâtonnements, et vous dire quelques mots de la culture de ce végétal, sur lequel nous n'avons encore aucun renseignement bien positif, et dont on pourrait, par la suite, tirer quelque profit.

« Voici d'abord l'histoire des tubercules qui m'ont été donnés : plantés, le 15 février, dans des baquets et sur couche tiède, ils ne donnèrent des bourgeons que le 25. — Le 23 mars, ils furent mis à l'exposition et plantés ensuite à l'air libre, en pleine terre, dans le nouveau jardin de la Société, où, depuis, leur végétation ne s'est pas un instant ralentie.

« Il y a plus d'un mois déjà que la plante est en pleine floraison. A la seule inspection de la tige, on ne peut s'empêcher d'être surpris de voir un aussi grand nombre d'yeux adventifs qui se développent ensuite en bourgeons avec une extrême facilité. Ce fait isolé, rapproché de cette autre circonstance, que la tige émet abondamment encore des racines adventices, blanches et comme plumeuses qui vont chercher le sol, m'a suggéré la pensée d'essayer la multiplication par *bouture* et *marcotte* : les deux procédés ont eu un plein succès. Le second mode surtout se recommande par une extrême facilité et une réussite invariable. Au bout de quatre à cinq jours, la reprise est complète, et bientôt, par suite de l'évolution des yeux placés à l'aisselle de chaque feuille, on se trouve en possession de touffes bien fournies d'*Ulluco*, sur lesquelles on peut couper constamment.

« Je tiens à faire ici une observation qui me paraît essentielle dans la culture profitable de ce légume, à savoir qu'il est de toute importance de butter abondamment chaque touffe, tout en ayant le soin d'éclaircir sa partie centrale pour favoriser l'action si utile de la lumière et permettre l'accès d'une plus grande masse d'air. — A l'aide de ces soins faciles, d'un peu de surveillance et de quelques légers arrosements, on parvient à donner à cette plante alimentaire une vigueur et un air de rusticité que je n'ai vus nulle part. Je dois ajouter que le buttage, indépendamment de ce qu'il permet à la plante d'adhérer plus fortement au sol au moyen de ses nombreux filaments adventifs, contrarie la tendance fâcheuse qu'elle a de se coucher sur terre.

« Si maintenant on voulait obtenir des turions de primeur, il suffirait de planter les tubercules au mois de février, dans des pots de 8 pouces ou dans de petits paniers semblables à ceux dont se servent quelques cultivateurs pour avoir des Pommes de terre de primeur et de les mettre sur couche tiède. — On plante ensuite, et, vers le 20 mars, on coupe pour bouturer. — Dans le cas où l'on préférerait se procurer des *Ulluco* l'hiver, on planterait en novembre, et on butterait lors de l'apparition des turions, afin de les avoir plus tendres et avec leur couleur rose clair.

« Je regrette de ne pas pouvoir vous donner l'assurance d'une fructueuse récolte de tubercules ; nos pieds, quoique forts et vigoureux, n'en présentent que d'assez rares et de très-petits. — Il faut croire que la culture n'a pas dit son dernier mot, et que nous sommes loin de connaître tous les détails relatifs à ce produit nouveau. — C'est dans cette dernière phase de végétation que M. Morny de Mornay, directeur de l'agriculture, a trouvé l'*Ulluco* dans une visite qu'il a bien voulu faire à nos cultures.

« Il ne me reste plus, pour terminer cet exposé déjà trop long, qu'à vous le faire apprécier sous le rapport culinaire. — Il suffit de jeter ce légume, par petites bottes, dans de l'eau bouillante. Au bout d'une demi-heure au plus, la cuisson est complète ; on les assaisonne alors à la vinaigrette, au beurre ou à la sauce blanche, comme les Haricots, avec lesquels ils ont une certaine analogie de goût. Si les bourgeons avaient acquis un certain degré de dureté, ce qui les rend alors peu agréables, on prendrait seulement les feuilles, qui ont le même goût. »

FIN.